Heinrich Maurer
Weihnachtsbäume

Heinrich Maurer

Weihnachtsbäume

erfolgreich anbauen und vermarkten

3., aktualisierte Auflage

19 Farbfotos auf Tafeln
43 Schwarzweißfotos und -zeichnungen
13 Tabellen

Inhaltsverzeichnis

Vorwort

Der Anbau von Weihnachtsbäumen hat sich zu einer anspruchsvollen land- oder forstwirtschaftlichen Spezialkultur entwickelt. Bis vor etwa 50 Jahren war dieser Zweig ein Nebenprodukt aus der Wiederbepflanzung von Waldflächen beziehungsweise der Bestandespflege. Für Weihnachten wurden die Bäume aus dem Wald entnommen, die bei der Durchforstung angefallen waren. Daher beschränkten sich die Arten auf die heimischen Nadelbäume wie Fichten, Weißtannen, Kiefern und Douglasien. Als Besonderheit galten die Blaufichten, die vorher nur als Zierbäume in Gärten und Parks bekannt waren und fälschlicherweise auch als Blautannen bezeichnet werden.

Der Zwang zur Spezialisierung kam vom Norden. Bereits in den sechziger Jahren des letzten Jahrhunderts wurden in Dänemark Weihnachtsbäume plantagenmäßig angebaut und in großem Umfang nach Deutschland und in andere europäische Länder exportiert. Dem dänischen Beispiel folgend haben sich zuerst Baumschulen, Landwirte und Waldbauern in den angrenzenden norddeutschen Gebieten diesem neuen Trend angeschlossen. Heute ist der Anbau von Weihnachtsbäumen in ganz Deutschland ein bedeutender Erwerbszweig, der aber nur dann erfolgreich und ertragsreich ist, wenn er mit der gleichen Sorgfalt und Akribie betrieben wird, die beispielsweise landwirtschaftliche Sonderkulturen wie Obst, Wein oder Gemüse verlangen. Nur wer sich intensiv mit den Eigenheiten des Anbaus beschäftigt, kann die gestiegenen Qualitätsansprüche der Käufer erfüllen und auch betriebswirtschaftlich erfolgreich sein.

Dieses Buch gibt Erkenntnisse der Wissenschaft und Erfahrungen der Praxis wieder, die im Einzelfall den örtlichen Besonderheiten angepasst werden müssen. Ziel ist es, sowohl dem erfahrenen Praktiker als auch dem Neueinsteiger in die Sonderkultur Weihnachtsbäume Anregungen und Hilfen zu bieten. Die Spanne reicht von der Auswahl der Arten, dem Bezug von Jungpflanzen, der Bodenbearbeitung und der Pflanzung über Düngung, Pflanzenschutz und Bestandespflege, bis zum Verkauf und den rechtlichen Bestimmungen bei der Anlage einer Weihnachtsbaumkultur.

Hohengehren, Sommer 2014 Heinrich Maurer

1 Vorplanung

Wenn es in Deutschland Weihnachten wird, dann steht in über 20 Millionen Wohnzimmern ein Weihnachtsbaum. Rechnet man die „Zweitbäume“ hinzu, die in den Vorgärten stehen und schon lange vor Weihnachten leuchten, dann kommen die Statistiker des Hauptverbandes der Deutschen Holzindustrie (HDH) auf bis zu 29 Millionen Bäume. Diese Zahlen sind ausbaufähig. Richten sich die deutschen Verbraucher wie bei ihrem übrigen Konsumverhalten nach den Amerikanern, dann holen sich deutsche Familien zukünftig nicht nur einen Weihnachtsbaum für das Wohnzimmer und einen zweiten für den Vorgarten. In den USA werden pro Haushalt bis zu acht Bäume gekauft, die dann in verschiedenen Räumen und im Garten rund ums Haus stehen. Manche Amerikaner kaufen sogar ihrem Hund einen eigenen Weihnachtsbaum!

Die Zeiten, in denen der Weihnachtsbaum aus dem Wald kommt, sind fast vollständig vorbei. Abgesehen von wenigen Fichten, Weißtannen oder Kiefern, die bei der Durchforstung anfallen, stammt der überwiegende Teil aus speziellen Weihnachtsbaumkulturen, in denen die Bäume je nach Art und Größe im Alter von acht bis 15 und mehr Jahren geschlagen werden.

Knapp zwei Drittel der in Deutschland alljährlich gekauften Weihnachtsbäume stammen aus einheimischen Kulturen. Das restliche Drittel wird importiert. Es stammt in erster Linie aus Dänemark, zu einem kleineren Anteil aus Irland und Schottland und in nur ganz geringem Umfang aus anderen europäischen Nachbarländern. Zukünftig könnten auch Mitgliedsländer der Europäischen Union wie Polen, Tschechien oder die Slowakei dazukommen. Sie könnten den Vorteil der wesentlich billigeren Arbeitskräfte nutzen, denn die auf Qualität ausgerichtete Produktion von Weihnachtsbäumen ist arbeitsaufwändig. Auf der anderen Seite haben die einheimischen Produzenten den Vorteil der Marktnähe, der bei steigenden Transportkosten und höheren Qualitätsanforderungen der Verbraucher immer wichtiger wird.

In Deutschland sind Schleswig-Holstein, Niedersachsen und Nordrhein-Westfalen Überschussgebiete, mit einem Schwerpunkt im Sauerland. In den anderen Bundesländern und vor allem in den süddeutschen Ballungsräumen sind die marktnahen einheimischen Erzeuger nicht in der Lage, den Bedarf zu decken. Dort werden jährlich ab Mitte November Weihnachtsbäume über weite Strecken angeliefert. Der Anbau in den süddeutschen Schwerpunktgebieten Bayerische Rhön, Bayerischer Wald, Odenwald und Schwarzwald reicht bei weitem nicht aus, den heimischen Bedarf zu decken.

Besonders hier bietet der Markt vor der eigenen Haustür noch Zuwachsraten. Nach Meinung der Experten werden diese Chancen in Zukunft noch steigen, weil sich die Transporte durch die Einführung der LKW-Maut und die deutlich gestiegenen Kraftstoffpreise erheblich verteuert haben. Zudem redet auch die Agrarpolitik ein Wörtchen mit. Mit der Agrarreform von 2004 hat die Europäischen Union (EU) Flächenprämien für landwirtschaftliche Kulturen eingeführt. Weil Weihnachtsbäume aber zu den Forstprodukten zählen, sind sie von diesen Prämien ausgeschlossen. Gleichzeitig wurden mit der Agrarreform bisher gewährte länderspezifische Flächenprämien abgeschafft, die teilweise für Weihnachtsbaumkulturen bezahlt wurden. Aufgrund dieser Regelung haben dänische Produzenten seit 2004 ihre Anbauflächen um rund 20 % abgebaut. Das hat in Deutschland zu einem deutlich verringerten Marktdruck geführt. Die Anbauer können seither ihre Preise wieder den gestiegenen Kosten anpassen. Insgesamt gesehen gibt es damit durchaus Gründe, die für die Anlage einer neuen oder die Erweiterung einer bestehenden Weihnachtsbaumkultur sprechen.

Der Anbau von Weihnachtsbäumen ist als Spezialkultur zu betrachten, die spezielles Wissen, Können und einen hohen Einsatz des Betriebsleiters verlangt. Maßgeblich dafür sind die Ansprüche der Verbraucher, die sich in den letzten fünfzehn Jahren deutlich geändert haben. Die Zeiten, in denen die Fichten, Weißtannen oder Kiefern, die im Wald zu viel waren oder keinen weiteren Nutzen versprachen, nach dem Qualitätsmotto „wie gewachsen“ immer noch als Weihnachtsbäume verkauft werden konnten, sind vorbei. Die Masse der Verbraucher will gleichmäßig geformte, möglichst dicht gewachsene und mit schöner Nadelfarbe ausgestattete Bäume, die zudem nicht schon nach den ersten Tagen im Wohnzimmer ihre Nadeln verlieren.

Wer eine Weihnachtsbaumkultur anlegen will, muss sich von Anfang an darüber im Klaren sein, dass nach frühestens sechs Jahren die ersten kleinen Bäume mit einer Höhe von 80 bis 120 cm geerntet werden können. Sie eignen sich dann vielleicht für ein Kinderzimmer oder das Aufstellen auf einem Tisch und haben keinen großen Marktanteil. Erst zwischen dem achten und dem 12. Standjahr kann der Großteil der Bäume verkauft werden. Der weitaus größte Teil der Kosten entsteht aber bereits bei Kulturbeginn. Frühen Kosten steht ein später Ertrag gegenüber. Dieser Vorfinanzierungsbedarf muss immer beachtet werden, um bei größeren Flächen nicht in einen gefährlichen Liquidationsengpass zu geraten. Wer richtig rechnet, muss in die Kosten auch die Verzinsung einbeziehen (s. Tabelle 1).

Schließlich ist auch das Produktions- und Marktrisiko nicht zu unterschätzen. Spätfröste, Krankheiten und Schädlinge können erhebliche Schäden anrichten und unter Umständen eine mehrjährige Arbeit

Tabelle 1 Wirtschaftlichkeit (Quelle: Landwirtschaftskammer Westfalen-Lippe)

Kapitalbedarf einer neuen Anlage (€/ha)			
Kostenarten		Nordmannstanne	Blaufichte
Kulturvorbereitung Bodenbearbeitung, Grunddüngung, Herbizide		600	600
Pflanzung einschließlich Nachpflanzung		3.200	3.200
Zaunbau (kann bei Blaufichte entfallen)		2.500	2.500
Gesamtkosten		**6.300**	**6.300**
Wirtschaftlichkeitsberechnung (Gesamtkosten € je ha und Stück)			
Kosten		Nordmannstanne	Blaufichte
Kulturanlage			
– Anlagekosten		6.300	6.300
– 5 % Zinsen des gebundenen Kapitals	für 9 Jahre		2.790
	für 12 Jahre	3.720	
Jährliche Pflegeaufwendungen			
– Gesamtaufwand / Jahr		2.100	2.300
	für 9 Jahre		20.700
	für 12 Jahre	25.200	
– 5 % Zinsen des gebundenen Kapitals	für 9 Jahre		1.035
	für 12 Jahre	1.260	
Ernte im Akkord		6.750	6.750
Vollkosten		**45.330**	**39.875**
Bei 5.400 geernteten Bäumen je ha, € pro Stück		8,39	7,38
Bei 5.940 geernteten Bäumen je ha, € pro Stück		7,63	6,71

zunichte machen. Und wer sich nicht rechtzeitig um den Absatz kümmert und den Markt nicht genau beobachtet, kann unter Umständen auf seinen Bäumen sitzen bleiben oder keine kostengerechten Preise erzielen.

Nochmals: Der Anbau von Weihnachtsbäumen ist eine Spezialkultur, die das Wissen über die besonderen Ansprüche und viel Aufmerksamkeit vor allem in den Frühjahrs- und Frühsommermonaten verlangt. Zudem ist die Vermarktung von Weihnachtsbäumen an die wenigen Wochen zwischen Mitte November und Mitte Dezember gebunden. Jeder Neueinsteiger muss sich den Markt erst suchen und unter Umständen neu aufbauen.

Die Betriebswirtschaftler des auf den Anbau von Weihnachtsbäumen spezialisierten Gartenbauzentrums Westfalen-Lippe in Wolbeck bei Münster machen eine einfache Rechnung auf: Es ist ein Unterschied, ob von rund 6000 bis 6500 auf einem Hektar gepflanzten Weihnachtsbäumen durch optimale Auswahl der Jungpflanzen, gute Bodenvorbereitung, richtige Pflanzung und sorgfältige Pflege rund 5000 Stück mit einem hohen Anteil an Spitzenqualitäten vermarktet werden können, oder ob bei schlechten Voraussetzungen weniger als 4000 marktfähige Bäume übrig bleiben, von denen auch noch viele zur unteren Qualitätsstufe mit schlechten Preisen gehören. Wird für die Weihnachtsbäume im ersten Beispiel ein Durchschnittspreis von 20 Euro erzielt, dann ergibt das einen Erlös von rund 100 000 Euro. Im zweiten Fall bleiben bei einem Durchschnittspreis von rund zehn Euro nur rund 40 000 Euro übrig.

2 Genehmigung von Neuanlagen

Die Anlage einer neuen oder die Erweiterung einer vorhandenen Weihnachtsbaumkultur muss in Deutschland in aller Regel genehmigt werden. Weil dafür die Länder mit ihren eigenen Gesetzen und Verwaltungsvorschriften zuständig sind, ist die Praxis in Deutschland unterschiedlich. Während manche Länder das Verfahren recht unkompliziert handhaben und die Genehmigung nur in Ausnahmefällen versagen, machen andere die Neuanlage von Weihnachtsbaumkulturen vor allem durch eine rigide Handhabung des Naturschutzes teilweise fast unmöglich. Für die einzelnen deutschen Bundesländer wurden von den zuständigen Behörden folgende Bestimmungen mitgeteilt:

Baden-Württemberg: Die 2009 abgeschaffte Genehmigungspflicht wurde im Dezember 2011 wieder eingeführt. Sie gilt generell ab einer Größe von 20 Ar. Auf kleineren Flächen ist dann eine Genehmigung erforderlich, wenn die Pflanzen einer Weihnachtsbaumkultur eine Höhe von 3 m und zur Gewinnung von Schmuck- und Zierreisig von 6 m überschreiten. Die Genehmigungspflicht gilt auch dann, wenn die oberirdischen Pflanzenteile einer Kurzumtriebsplantage nicht spätestens bis zum 31. Dezember des 20. auf die Anpflanzung oder den letzten Erntezeitpunkt folgenden Jahres geerntet werden. Genehmigungsfreie Anlagen sind der unteren Landwirtschaftsbehörde drei Monate vor der Pflanzung unter Angabe von Gemarkung, Flurstücknummer und gegebenenfalls einer Schlagskizze schriftlich anzuzeigen.

Bayern: Für die Anlage einer Weihnachtsbaumkultur im Wald gilt das bayerische Waldgesetz. Anlagen in der Feldflur sind davon frei. Trotzdem gilt für beide eine Erlaubnispflicht. Der Antrag zur Genehmigung ist bei der Unteren Forstbehörde an den Ämtern für Ernährung, Landwirtschaft und Forsten (AELF) zu stellen. In das Genehmigungsverfahren werden auch der Naturschutz und die Landschaftspflege eingebunden. Zudem werden bei Erstaufforstungen auch die Eigentümer und Nutzungsberechtigten der benachbarten Grundstücke informiert und auf Antrag am Verfahren beteiligt. Für die Einzäunung ist keine gesonderte Erlaubnis erforderlich.

Brandenburg: Wird eine Weihnachtsbaum- oder Schmuckreisigkultur im Wald angelegt, gilt dies als genehmigungspflichtige Waldumwandlung. Nach Aufgabe der Kultur ist gegebenenfalls eine Rekultivierung (Wiederbewaldung) erforderlich. Erfolgt die Anlage in der freien Landschaft, ist eine Genehmigung durch die untere Naturschutzbehörde der Landkreise erforderlich. Sie entscheidet, ob die Anlage ein Eingriff in Natur und Landschaft darstellt und macht davon die Genehmigung abhängig.

Hessen: Befindet sich die Neuanlage innerhalb eines Waldes, dann gilt sie als Aufforstung und ist genehmigungsfrei. Auf bisher landwirtschaftlich genutzten Flächen ist seit der Änderung des Waldgesetzes 2013 keine Genehmigung des Forstamtes mehr erforderlich. In der freien Landschaft, also auf Grundstücken, die nicht direkt an Wald angrenzen, ist nur noch eine Genehmigung nach dem Naturschutzrecht erforderlich. Antragsbehörde ist die untere Landschaftsbehörde des Landratsamtes. Oft werden Anträge schon bei der mündlichen Voranfrage abgewehrt. Der Grund: Die Grundstücke gelten angeblich als naturschutzfachlich besonders wertvoll oder sind in der Raumordnungsplanung als Vorrangflächen für die Landwirtschaft ausgewiesen.

Mecklenburg-Vorpommern: Die Nutzung kleinerer Waldflächen und solcher, die bestimmten Nutzungseinschränkungen (z. B. Leitungsstrassen) unterliegen, ist für Weihnachtsbaum- oder Schnittreisigkulturen genehmigungsfrei. Bei größeren Flächen wird eine Abstimmung mit der Forstbehörde empfohlen. Außerhalb des Waldes, in der freien Landschaft, gilt das Naturschutzrecht. Hier ist eine Genehmigung durch die Naturschutzbehörde der Kreise erforderlich.

Niedersachsen: Eine außerhalb des Waldes und außerhalb geschützter Landschaftsteile angelegte Weihnachtsbaum- oder Schmuckreisigkultur unterliegt nicht dem Gesetz über den Wald und die Landschaftsordnung (NWaldLG) und ist damit genehmigungsfrei. Dies gilt auch, wenn die Anlagen direkt an den Wald angrenzen. Erfolgt die Anlage im Wald, ist allerdings beim Forstamt eine „Waldumwandlungsgenehmigung" erforderlich. Weil die Regelungen für Landschaftsschutzgebiete in den Kreisen unterschiedlich sind, wird eine Voranfrage bei den Kreisbehörden empfohlen.

Nordrhein-Westfalen: Gegen den Widerstand der Anbauer hat Nordrhein-Westfalen das Landesforstgesetz am 3. Dezember 2013 geändert. Danach gelten Weihnachtsbaum- und Schmuckreisigkulturen nicht mehr als Wald und sind von der genehmigungsfreien Neuanlage ausgeschlossen. Anlagen im Wald müssen von der Forstbehörde genehmigt werden. Zulässig sind sie nur noch im Umfang von weniger als 2 ha und unter Energieleitungen.

Rheinland-Pfalz: Nach rheinland-pfälzischer Bestimmung sind isoliert und ohne Anschluss an den Wald in der Feldflur oder in bebauten Gebieten liegende Weihnachtsbaum- und Schnittreisigkulturen kein Wald im Sinne des Landeswaldgesetzes. Insofern benötigen die Kulturen in der offenen Landschaft keine Genehmigung nach dem Forstrecht. Allerdings ist eine Prüfung nach den Grundsätzen des Naturschutzes und der Landschaftspflege erforderlich. Ein entsprechender Antrag ist an die zuständige Kreisverwaltung zu richten. Die Genehmigung kann dann mit einer Beseitigungspflicht verbunden sein, sobald die Kulturen eine bestimmte Höhe überschreiten und dann die Eigenschaften eines Waldes annehmen. Weihnachtsbaumkulturen die unmittelbar an den Wald angrenzen, zählen wiederum zum Wald und brauchen damit eine forstrechtliche Genehmigung durch das Forstamt als untere Forstbehörde.

Saarland: Weihnachtsbaumkulturen werden gemäß Waldgesetz als Wald eingestuft. Eine Neuanlage gilt als Erstaufforstung und muss von der Forstbehörde genehmigt werden. In das Genehmigungsverfahren wird außerdem die Naturschutzbehörde einbezogen. Die bis 2007 übliche zeitliche Befristung der Genehmigung wurde durch die Angabe einer maximalen Höhe der Bäume von 3 m ersetzt, um den Dauerbetrieb einer Weihnachtsbaumkultur zu ermöglichen.

Sachsen: Die Anlage von Weihnachtsbaum- und Schmuckreisigkulturen müssen im Interesse einer ökologisch ausgewogenen Landschaftsgestaltung genehmigt werden. Die Genehmigung darf nur dann versagt werden, wenn Ziele der Raumordnung entgegenstehen, die Anlage der Verbesserung der Agrarstruktur widerspricht, Vorschriften des Naturschutzrechtes entgegenstehen oder die Ertragsfähigkeit benachbarter Grundstücke erheblich beeinträchtigt würde. Zuständig sind die Untere Landwirtschaftsbehörde und die Untere Naturschutzbehörde der Kreise. Die Gemeinde wird angehört.

Sachsen-Anhalt: Die Neuanlage einer Weihnachtsbaumkultur ist generell genehmigungspflichtig. Zuständig sind die Ämter für Landwirtschaft, Flurneuordnung und Forsten. Grenzt die Anlage direkt an Wald an, gilt sie als Erstaufforstung und muss von der Forstbehörde genehmigt werden. Wird normaler Wirtschaftswald in eine Weihnachtsbaumplantage umgewandelt, ist in der Regel keine Erstaufforstungsgenehmigung erforderlich. Änderungen können sich durch ein für das Jahr 2015 angekündigtes neues Landeswaldgesetz ergeben.

Schleswig-Holstein: Die Neuanlage einer Weihnachtsbaumkultur ist dann genehmigungspflichtig, wenn sie als naturschutzrechtlicher Eingriff betrachtet wird. Um dies abzuklären wird empfohlen, das Vorhaben bei der örtlich zuständigen unteren Naturschutzbehörde der Landkreise anzuzeigen. Die Anlage einer Weihnachtsbaumkultur auf bisher ackererbaulich genutzten Flächen gilt in der Regel nicht als Beeinträchtigung des Naturhaushaltes. Solche Beeinträchtigungen sind allerdings dann nicht auszuschließen, wenn Schutzgebiete oder Biotope an die Flächen angrenzen.

Thüringen: Die Anlage von Weihnachtsbaumkulturen ist im Wald nicht genehmigungspflichtig. Außerhalb des Waldes handelt es sich nach dem Naturschutzrecht um eine „Änderung der Gestalt oder Nutzung von Grundflächen“, wozu eine Genehmigung durch die untere Naturschutzbehörde der Landkreise erforderlich ist.

Generell gilt in allen deutschen Bundesländern: Wer eine neue Kultur anlegen oder eine vorhandene erweitern will, tut gut daran, sich schon im Vorfeld bei der örtlichen Genehmigungsbehörde, der Gemeinde, dem Forstamt oder dem Landkreis zu erkundigen. Auskünfte erteilen auch die Arbeitskreise oder Arbeitsgemeinschaften der Weihnachtsbaumproduzenten.

Schweiz: Der Anbau von Weihnachtsbäumen ist zunächst genehmigungsfrei. Ausgeschlossen sind jedoch gewisse Landschaftsschutz-Zonen. In manchen Fällen ist die Einzäunung genehmigungspflichtig oder nur eingeschränkt möglich.

Österreich: Wird eine Weihnachtsbaumkultur außerhalb des Waldes angelegt, dann unterliegt sie dem österreichischen Forstgesetz, das zunächst keine Genehmigungspflicht vorsieht. Allerdings können die Kulturflächenschutzgesetze der neun österreichischen Bundesländer eine Genehmigungspflicht vorschreiben. Nach dem Bundes-Forstgesetz ist der Inhaber einer außerhalb des Waldes gelegenen Kultur verpflichtet, die Anlage innerhalb von 10 Jahren der Forstbehörde zu melden. Unterbleibt diese Meldung, dann gilt eine solche Anlage nach 10 Jahren als Wald und unterliegt den Bestimmungen zum Schutz hiebunreifer Bestände. Dann kann bei der Ernte der Weihnachtsbäume eine Ausnahmebewilligung erforderlich sein.

Tabelle 2 Verbände und Arbeitskreise

Name	Adresse	Telefon	Mail
Bundesverband der Weihnachtsbaumerzeuger	Plaulmattstraße 3 77815 Bühl-Weitenung	07223-801238	rometsch@bwe.de
Christbaumverband Baden-Württemberg	Weinstraße 49, 77815 Bühl-Eisental	07223-4350	graf@christbaum-bw.de
Bayerische Christbaumanbauer e.V.	Unterglaim 37 84030 Ergolding	0871-79228	info@bayerische-christbaum-anbauer.de
Arbeitskreis Hessischer Weihnachtsbaum	Taunusstraße 151, 61381 Friedrichsdorf	06172-7047	info@naturbaumaushessen.de
Weihnachtsbaum- und Schnittgrünerzeuger in Hessen	Hospitalgasse 22 a, 61169 Friedberg	06031- 721660	inf@hessentanne.de
Verband Weihnachtsbaum- und Schnittgrünerzeuger in Niedersachsen	Klauenburg 6, 21279 Wenzendorf	04165-22200-17	bernd.oelkers@hof-oelkers.de
Fachgruppe Weihnachtsbaum-und Schnittgrünerzeuger Westfalen-Lippe	Niederlandenbeck, 59889 Eslohe	02973-3121	info@muetherich.de
Verband der Weihnachtsbaum-und Schnittgrünproduzenten Rheinland-Pfalz	Tannenweg 5, 54597 Euscheid	06556-7558	wernerthielen@t-online.de
Arbeitskreis Saarland Baum	Gut Lindenfels, 66440 Blieskastel-Alsbach	06842-4688	info@gut-lindenfels.de
Arbeitsgemeinschaft Schleswig-Holsteinischer Weihnachtsbaumproduzenten	24211 Gut Kühren	04342-889894	gut-kuehren@t-online.de
Interessengemeinschaft der Jungweihnachtsbaumanbauer und Schnittgrünerzeuger	Hohenbrand 13, 86971 Peiting	08805-220	info@tannen-geiss.de

3 Anlage einer Weihnachtsbaumkultur

Die Produktion von Weihnachtsbäumen zählt im allgemeinen Sprachgebrauch zur Forstwirtschaft. Dort gilt der geflügelte Satz: „Am schönsten hat's die Forstpartie, die Bäume wachsen ohne sie“. Dieser fröhliche Spruch gilt für den modernen Waldbau schon lange nicht mehr und noch viel weniger für Weihnachtsbäume. Es genügt nicht, in irgendein Restgrundstück, das für die landwirtschaftliche Nutzung zu ungünstig geformt, schlecht zugänglich oder vom Boden her ungeeignet ist, einige Tännchen zu pflanzen und abzuwarten, bis sie die Größe eines Weihnachtsbaums erreicht haben.

Wer mit Weihnachtsbäumen Erfolg haben, das heißt Geld verdienen will, muss sich schon vor der ersten Pflanzung um vieles kümmern. Er muss wissen, an wen er seine Bäume verkaufen will, das heißt, er muss den Markt kennen. Er muss heraus finden, welche Baumarten und welche Eigenschaften, das heißt, welche Qualitäten der Markt will. Und schließlich muss er wissen, was alles zu tun ist,

Abb. 1. Idealer Weihnachtsbaum. So schön wie Maryline Monroe. Foto: Herzog.

um diese Ansprüche zu erfüllen und wie er an seinem Standort damit zurecht kommt.

Es gibt grundsätzlich zwei Produktionsverfahren: Die kontinuierliche und die absätzige Produktion. Bei der **kontinuierlichen Produktion** werden die Weihnachtsbäume immer auf der gleichen Fläche ohne vollständiges Abräumen der Kultur angebaut. Je nach Absatzmöglichkeit werden die Bäume in unterschiedlichem Alter geerntet. In die entstandene Lücke wird sofort wieder nachgepflanzt. Das heißt, dass zwischen größeren Bäumen auch neu gepflanzte kleinere stehen, also eine fortlaufende Ergänzung erfolgt. Diese Plantagen werden häufig seit 20 bis 30 Jahren als Dauerkultur betrieben.

Ein solches Verfahren ist relativ kostenintensiv, weil für das Pflanzen und einen Teil der Pflege so gut wie keine Maschinenarbeit möglich ist. Dieses Verfahren wird bevorzugt für Hanglagen gewählt, weil dort ohnehin kaum Maschinenarbeit möglich ist. Vorteilhaft ist, dass die Produktion von Weihnachtsbäumen stets in der gleichen Anlage und ohne Flächentausch erfolgt. Zudem können die älteren Bäume den jüngeren eine Beschattung, einen Schirm, bieten. Dieser Schirm ist für einige Arten wichtig, um den jungen Baum vor zu viel Sonne und Wind zu schützen.

Neue Plantagen werden in aller Regel im **absätzigen Verfahren** angelegt. Abgesehen von wenigen Nachpflanzungen in den ersten Jahren werden diese Bestände zur gleichen Zeit gepflanzt, nach etwa 12 bis 15 Jahren vollständig abgeräumt und neu angelegt. Auch hier erfolgt die Entnahme marktfähiger Bäume schon ab einem Alter von

Abb. 2. Diese Anlage mit Weihnachtsbäumen im verschiedenen Alter wird seit 30 Jahren kontinuierlich betrieben.

Abb. 3. Absätzig betriebene Anlage mit Fahrgasse für Pflanzenschutz und Ernte.

etwa sechs Standjahren. Im Gegensatz zum kontinuierlichen Verfahren werden die entstandenen Lücken aber nicht wieder bepflanzt. Es handelt sich im Allgemeinen um ebene oder leicht geneigte Flächen, die gut mit Maschinen bearbeitet werden können.

Vor dem Anlegen einer neuen Kultur muss man sich über geeignete Flächen, die Reihenabstände, das Pflanzschema und die Anlage von Fahrgassen im Klaren sein. Nahezu in allen Fällen muss die Anlage einer Kultur von den zuständigen Behörden des Kreises und von der Gemeinde genehmigt werden, was je nach Region schwierig sein kann (siehe Kasten S. 12). Grundsätzlich müssen die Flächen für die Maschinenarbeit und später für die Ernte gut zugänglich sein. In aller Regel ist auch eine Umzäunung erforderlich um den Wildverbiss zu unterbinden und andere ungeliebte Besucher fern zu halten. Auch für die Umzäunung müssen die Vorschriften der Genehmigungsbehörde, vor allem die Zaunhöhe betreffend, beachtet werden. In der Regel werden so genannte Viereck-Drahtzäune mit einer Höhe von 140 cm verwendet. In Ausnahmefällen, das heißt bei starkem Wildbesatz, kann die Zaunhöhe auch 170 cm betragen. Für die Zufahrt mit Geräten für Pflanzung und Pflege und für das Abfahren geernteter Bäume, müssen die Tore im Zaun groß genug sein. Die Pflanzreihen sollten nach Möglichkeit von Nord nach Süd verlaufen, weil dann die Sonnenbelichtung am günstigsten ist. Der Frost, vor allem der Spätfrost des Frühjahrs, ist der größte Feind der Weihnachtsbaumkulturen. Deshalb sollten stark frostgefährdete Lagen in Tälern oder Senken von vornherein ausscheiden. Außerdem ist es günstig, wenn der Frost durch die richtige Anordnung der Pflanzreihen talwärts abfließen kann.

Um einerseits die Befahrung mit größeren Maschinen wie Feldspritzen mit breitem Gestänge sowie weit reichenden Sprühkanonen zu ermöglichen und andererseits eine Gasse für das Abfahren geschlagener Bäume zu schaffen, sollten in entsprechendem Abstand Fahrgassen mit einer Breite von 3,0 bis 3,5 m angelegt werden. Feldspritzen, die in hoch gewachsenen Beständen über einen speziellen Anbaurahmen am Ackerschlepper so hoch gehoben werden können, dass ihr Gestänge die Bäume überragt, haben eine Arbeitsbreite von beispielsweise 18 Metern. Demzufolge müssen in diesem Abstand Fahrgassen für den Traktor angelegt werden. Sprühkanonen blasen den Spritznebel bis zu 25 Meter weit in den Bestand. Pflanzreihen von mehr als 100 Metern Länge werden am besten durch Querwege unterbrochen.

Die Pflanzabstände richten sich einerseits nach der Baumart und der Nutzungsdauer, das heißt, dem Raumbedarf der Bäume, und andererseits nach dem Maschineneinsatz. In den meisten Fällen werden Abstände in der Reihe und zwischen den Reihen von 1,10 bis 1,20 m gewählt.

Seltener betragen die Reihenabstände 1,50 m. Ein solches Maß ist dann zu wählen, wenn die Pflege der Anlage, das heißt das Mähen oder Mulchen, die Düngung und der Pflanzenschutz nicht mit leichten, handgeführten Maschinen oder Geräten, sondern mit einem im Wein- und Obstbau gebräuchlichen Schmalspurschlepper durchgeführt werden sollen. Um die Bäume nicht zu beschädigen, sollten diese Traktoren mit Radabweisern ausgestattet werden.

In Anlagen, die auf die möglichst rasche Erzeugung von kostengünstig erzeugter „Massenware“ und kleineren Bäumen ausgerichtet sind, betragen die Abstände in der Reihe und zwischen den Reihen oft nur einen Meter.

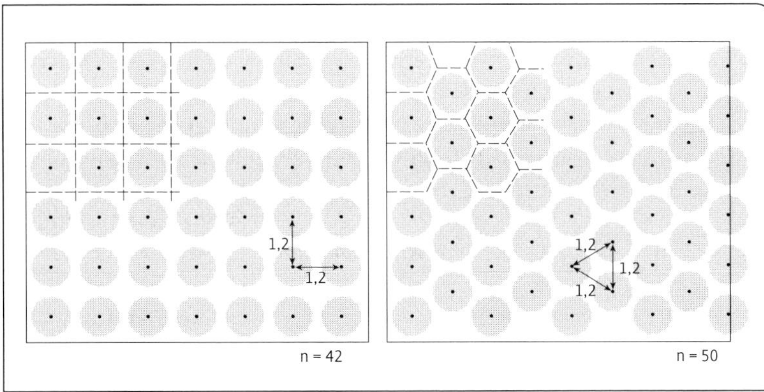

Abb. 4. Pflanzschema: Links: Quadratverband, rechts Dreieckverband.

Abb. 5. Solche Anlagen werden nach spätestens 15 Jahren Standzeit komplett geräumt und neu bepflanzt.

Die Produzenten, die nicht auf die Erzeugung von Massenware ausgerichtet sind – und das wird die Mehrzahl der Betriebe sein, müssen ihren Weihnachtsbäumen die Standfläche einräumen, die sie für das Erreichen einer hohen Qualität brauchen. Es darf nicht sein, dass sich die Bäume im gleichmäßigen Breitenwachstum behindern, sich mit ihren Ästen gegenseitig kaputt scheuern und sich im Kampf um Standraum, Luft, Licht und Nährstoffe gegenseitig unterdrücken. Das würde im Laufe der zwölf- bis fünfzehnjährigen Standzeit zu einem ungleichmäßigen Bestand mit einem zu hohen Anteil an Bäumen der zweiten und dritten Qualität führen.

Bei einem Abstand von jeweils 1,20 m in der Reihe und zwischen den Reihen kann sowohl der Quadratverband als auch der Dreieckverband gewählt werden. Beim Quadratverband stehen die Bäume sowohl längs als auch quer zu den Reihen in einer Linie. Beim Dreieckverband werden die Bäume sozusagen auf Lücke gepflanzt, so dass jeweils drei Bäume ein gleichschenkeliges Dreieck mit einer Kantenlänge von 1,20 m bilden. Bei diesem Dreieckverband wird der Raum von den Bäumen am besten genutzt. Allerdings kann der Bestand dann am besten nur schräg durchfahren werden, was den Maschineneinsatz erschwert.

4 Ansprüche an Boden und Klima

Weihnachtsbäume können grundsätzlich auf jedem Boden angebaut werden. Allerdings sind, wie später beschrieben wird, die Ansprüche der einzelnen Arten sehr unterschiedlich. Manche bevorzugen kalkarme und mittelschwere, andere eher leichtere Böden. Einige Arten vertragen Trockenheit, aber keine Staunässe, mit der die heimischen Rotfichten noch am besten fertig werden. Frische humose Böden mit gutem Wasserhaltevermögen bieten die besten Voraussetzungen. Höher als an den Boden sind die Ansprüche an das Klima. Die meisten der in Frage kommenden Arten lieben eher feuchte als trockene und eher kühle als warme Standorte. Besonders empfindlich sind Weihnachtsbäume gegen Frost. Ein starker Winterfrost kann Schäden an den Knospen verursachen und der gefürchtete Spätfrost kann die frischen Triebe so zerstören, dass der Baum im selben Jahr nicht mehr oder dauerhaft nur mit Qualitätseinbußen und im Extremfall gar nicht mehr verkauft werden kann.

Meistens können Frostschäden nur mit einigem, später beschriebenen erheblichen Schnittaufwand beseitigt werden. Fast immer führen Frostschäden zu einer verzögerten Entwicklung und zu einer längeren Wachstumszeit.

Abb. 6. Schaden durch Spätfrost Mitte Mai an einer Nordmannstanne.

Besonders anfällig für Spätfröste sind Tal- und Muldenlagen, aber auch ausgesetzte höhere Lagen. Auf Lagen, die nach Süden geneigt sind, treiben die Bäume in der Regel eine bis zwei Wochen früher aus als auf Nordlagen. Sie sind deshalb dort eher spätfrostgefährdet als bei einer Ausrichtung nach Norden. Auch Osthänge sind frostempfindlich. Durch die Morgensonne tauen die Triebe an der Oberfläche schneller auf als in ihrem Kern. Durch die entstehenden Spannungen werden die Zellen zerstört. So entstehen einseitige Frostschäden. Stehen keine anderen Flächen zur Verfügung, dann sollten auf jeden Fall, wie später noch näher beschrieben wird, Pflanzenherkünfte oder Baumarten gewählt werden, die spät, das heißt nicht vor Mitte Mai austreiben.

5 Baumarten

5.1 Die Favoriten

In Deutschland beschränkt sich das „Massengeschäft“ mit Weihnachtsbäumen und der entsprechende Anbau hauptsächlich auf diese fünf Arten:

- Nordmannstanne
- Blau-oder Stechfichte
- Gemeine Fichte
- Pazifische Edeltanne
- Coloradotanne

In der Reihenfolge ihrer Beliebtheit bei den Verbrauchern hat sich in den letzten 40 Jahren ein einschneidender Wandel vollzogen. Bis weit in die sechziger Jahre des letzten Jahrhunderts hielt die heimische Gemeine Fichte oder Rotfichte unangefochten die Spitzenstellung. Käufer, die sich von der Masse abheben wollten, stellten allenfalls eine heimische Kiefer oder eine Weißtanne ins Wohnzimmer. Als Ende der fünfziger Jahre die Kaufkraft und die Ansprüche der Konsumenten zunahmen, tauchte auf den Verkaufsständen im städtischen Bereich die Blau- oder Stechfichte als besonders attraktiver, aber auch teurer Weihnachtsbaum auf. Bis dahin war diese Baumart hauptsächlich in städtischen Parks und in den Vorgärten herrschaftlicher Villen zu finden. Sogar ländliche Gartenbesitzer, die etwas Besonderes zeigen wollten, pflanzten eine Blaufichte in den Vorgarten, wo sich diese Baumart teilweise recht fremdartig und unpassend ausnahm. Die Blaufichte gewann auch deshalb schnell an Bedeutung, weil sie sich im plantagenmäßigen Anbau, der in dieser Zeit einen gewaltigen Aufschwung nahm, als weitgehend problemlos erwies.

In den siebziger Jahren trat dann vom Norden ausgehend die Nordmannstanne auf den Plan. Sie hält gegenwärtig mit einem Marktanteil von rund 70 Prozent unangefochten die Spitzenstellung. Im weiten Rund aller Möglichkeiten ist keine Nadelbaumart zu entdecken, die der Nordmannstanne in absehbarer Zeit diese Vorrangstellung streitig machen könnte. Zwar gibt es, wie anschließend beschrieben wird, durchaus Arten, die im Aussehen mindestens ebenso attraktiv sind wie die Nordmannstanne. Dann aber weisen diese Konkurrenten Nachteile auf, die sie im direkten Vergleich zurück werfen. Entweder stellen diese Arten sehr hohe Ansprüche an den Standort oder sie wachsen zu ungleichmäßig, sind nicht frosthart genug und halten teilweise die Nadeln nicht so gut wie die Nordmannstanne.

Die **Nordmannstanne** (*Abies nordmanniana*). Diese von dem finnischen Botaniker Alexander von Nordmann im Jahre 1838 in der heute zu Georgien zählenden Region Borchomi entdeckte Baumart wurde im 19. Jahrhundert zunächst in westeuropäischen Parkanlagen angepflanzt. Als Weihnachtsbaum trat die Nordmannstanne etwa ab 1950 von Dänemark aus ihren Siegeszug an. In Dänemark wurde der Anbau von Weihnachtsbäumen viel früher als in Deutschland professionell betrieben. Die Dänen hatten schnell die Vorzüge der Nordmannstanne erkannt. Sie hat dunkelgrüne, nach dem Einschlag sehr lang haltbare Nadeln und wächst sehr gleichmäßig und dicht. Die Nordmannstanne liebt zwar gute Böden, die nicht zu schwer sind, ist aber grundsätzlich sehr anpassungsfähig.

Wird die richtige Herkunft gewählt, sind Nordmannstannen ziemlich unempfindlich gegen Frost. Bei richtiger Anlage und guter Pflege garantiert diese Baumart nach rund 10 bis 12 Jahren Standzeit eine hohe Ausbeute von 70 bis 90 % an marktfähigen Bäumen, wie sie sonst nur noch von Blaufichten erreicht wird. Wichtiger Pflegebedarf besteht außer der üblichen Unkrautbekämpfung und Düngung bei der Triebregulierung. Ab dem vierten Standjahr treiben Nordmannstannen oft sehr lange Gipfeltriebe, die den Weihnachtsbaum ohne den regulierenden Eingriff im oberen Bereich zu locker erscheinen lassen. Für die Triebregulierung gibt es verschiedenen Möglichkeiten, die ab Seite 80 ausführlich beschrieben werden.

Die vom Marktanteil zweitwichtigste Art, die in den nordamerikanischen Staaten Arizona, Colorado, Utah und New Mexiko beheimatete **Blau- oder Stechfichte** (*Picea pungens glauca*) hat in den letzten Jahren gegenüber der Nordmannstanne an Bedeutung verloren. Ihre Besonderheiten sind geringe Ansprüche an Boden und Klima, der relativ schnelle Wuchs, die durch den relativ späten Austrieb bedingte Frosthärte und die ähnlich gute Ausbeute wie bei der Nordmannstanne. Weitere Vorteile sind der gleichmäßige, relativ dichte Wuchs, die gute Nadelhaltbarkeit und die Vielfalt bei der Nadelfarbe. Sie reicht von dunkel- bis blaugrün und von grau- bis stahlblau. Wie der Zweitname „Stechfichte“ schon sagt, sind die harten, spitzen und deshalb stechenden Nadeln eine unangenehme Eigenschaft. Manche Käufer legen aber gerade darauf Wert, wenn sie Kleinkinder oder Haustiere vom geschmückten Weihnachtsbaum abhalten wollen. Auch Wildtiere bleiben aus dem gleichen Grund der Stechfichte fern. Deshalb werden Blaufichten praktisch nicht verbissen und können als einzige Weihnachtsbaumart in der Kultur ohne Zaun angebaut werden. Das ist bei der Nordmannstanne und auch den anderen Arten nicht möglich.

Verlierer am Markt für Weihnachtsbäume ist die **Gemeine Fichte** oder **Rotfichte** (*Picea abies*). Diese bedeutendste Nadelbaumart der heimischen Wälder wird nur noch selten plantagenmäßig angebaut. Die meisten als Weihnachtsbaum verwendeten Fichten kommen aus

Durchforstungen. Ihr größter Nachteil ist die schlechte Haltbarkeit der Nadeln. Allerdings wird der Gemeinen Fichte in jüngster Zeit bei besonderen Herkünften wieder eine Chance eingeräumt. Diese Herkünfte, auf die sich Pflanzschulen im Schwarzwald konzentriert haben, zeigen einen gleichmäßigen, gegenüber den einheimischen Fichten dichteren Wuchs und eine schöne Benadelung. Um die Fichte wieder marktfähig zu machen, ist bei diesen besonderen Herkünften ein höherer Erziehungsaufwand in Form der später erläuterten Triebreduzierung und eines seitlichen Formschnittes nötig. Um den Nadelabwurf hinaus zu zögern, sollten Fichten möglichst erst kurz vor Weihnachten geschlagen werden.

Einen zwar steigenden, aber nach wie vor kleinen Marktanteil hat sich die aus den nordamerikanischen Rocky Mountains stammende **Coloradotanne** (*Abies concolor*) erobert. Diese gleichmäßig wachsende Tanne hat sehr lange, sensenartig gekrümmte, blaugraue, silberne bis dunkelblaue Nadeln, die sehr lange halten. Die Coloradotanne ist eine Alternative für jene Käufer, die nach dem vielen Grün der Nordmannstanne eine andere Farbe im Wohnzimmer haben wollen. Allerdings gibt es auch Herkünfte mit eher grüner Nadelfarbe. Die Coloradotanne liebt warme, kalkreiche Standorte, ist aber insgesamt sehr anpassungsfähig. Ähnlich wie die Kiefer und die Blaufichte wächst sie auch noch auf Böden, die für andere Arten zu trocken sind. Trotzdem wächst sie relativ rasch und ermöglicht deshalb kurze Umtriebszeiten. Bis etwa Mitte Mai ist die Coloradotanne anfällig für Spätfröste. Spätere Fröste übersteht sie relativ gut, weil ihre Triebe dann schon ausgehärtet sind.

Noch relativ unbekannt, aber nach Meinung der Fachleute recht interessant ist die **Koreatanne** (*Abies koreana*). Sie stammt, wie der Name schon sagt, von der koreanischen Halbinsel. Die Koreatanne zeigt einen relativ schmalkegeligen Wuchs mit auffallend grün bis blaugrünen Nadeln. Mit ihrem schmalen Wuchs entspricht die Koreatanne den Wünschen vieler Verbraucher, die dem Weihnachtsbaum im Wohnzimmer möglichst wenig Platz einräumen wollen.

Die Tanne wird im Anbau als unkompliziert, anspruchslos und widerstandsfähig gegenüber Schädlingen beschrieben. Durch den späten Austrieb gilt sie generell als frosthart. Sie liebt das volle Sonnenlicht, soll aber sehr empfindlich gegen Wind sein. Sie wächst dann sehr unregelmäßig und locker. Um eine füllige Krone zu erreichen, sind rechtzeitige und umfangreiche Formschnitte erforderlich. Als Nachteil wird der relativ frühe Nadelfall beschrieben. Er soll bei neuen Hybridsorten wegfallen. Koreatannen sind Flachwurzler, weshalb sie leicht mit dem Wurzelwerk aus dem Boden genommen werden können und sich deshalb gut als lebender Weihnachtsbaum im Pflanzkübel eignen.

Eine gewisse Bedeutung hat in deutschen Weihnachtsbaumkulturen noch die **Pazifische Edeltanne** (*Abies procera* oder *Abies nobilis*). Sie stammt aus den pazifischen Regionen der USA mit den Staaten Washington, Oregon und dem nördlichen Kalifornien. Die Edeltanne bringt unter guten Voraussetzungen schöne, dicht, aber unregelmäßig benadelte Bäume hervor. Sie stellt sehr hohe Ansprüche an Boden und Klima, bevorzugt humose, tiefgründige Böden, braucht relativ hohe Niederschläge und liebt die volle Sonneneinstrahlung. Kalkhaltige Böden scheiden aus. Weil sie als Weihnachtsbaum zu unregelmäßig wächst, aber wegen ihrer aufgerichteten, an der Unterseite silbrig gefärbten Nadeln besticht, wird die Edeltanne von vielen Anbauern hauptsächlich für die Gewinnung von Schnittgrün genutzt.

Eine ähnliche Außenseiterposition nimmt in den Weihnachtsbaumkulturen die **Serbische Fichte** (*Picea omorica*) ein. Entgegen ihrem Namen stammt diese Fichte nicht aus Serbien, sondern aus Bosnien-Herzegowina. Sie ähnelt der heimischen Fichte, hat aber einen deutlich schlankeren, fast säulenartigen Wuchs. Wichtiges Kennzeichen sind außerdem die in der Jugend oft sehr weichen, durchhängenden Zweige. Im Anbau ist die Serbische Fichte besonders empfindlich gegen eine höhere Salz- und Schadstoffbelastung der Böden.

5.2 Exoten

Manche Weihnachtsbaumproduzenten und Baumschulen, die sich mit dem Herkömmlichen nicht zufrieden geben und neue Marktchancen erproben, aber auch Wissenschaftler, die sich mit Weihnachtsbäumen beschäftigen, sind stets auf der Suche nach Baumarten, die in der Lage sein könnten, den Arrivierten zukünftig den Rang abzulaufen. Manche Produzenten bauen die Exoten in kleinem Umfang an, um die Reaktion der Käufer zu testen. Wie so vieles in der Konsumwelt sind auch Weihnachtsbäume einer gewissen Mode unterworfen. Deshalb könnte es durchaus sein, dass eine anders gewachsene, anders gefärbte und insgesamt anders aussehende Baumart beispielsweise den Nordmannstannen Marktanteile abnehmen kann. Eventuell kann auch das amerikanische Beispiel Schule machen.

Während in Deutschland und in anderen europäischen Ländern der natürlich gewachsene Baum bevorzugt wird, lieben die amerikanischen Verbraucher Weihnachtsbäume, die von vornherein auf einen Idealtyp ausgerichtet sind. Über das so genannte „Shearing“, das heißt intensives Schneiden, werden die Bäume auf ein streng kegelförmiges Aussehen mit einem so dichten Wuchs getrimmt, wie er in der Natur nur selten zu finden ist. So werden Douglasien, die in der Natur ein eher lichtes Wachstum haben, mit der Schere oder noch öfter mit einem langen, scharfen Messer in die gewünschte Form gebracht. Mit diesem Messer werden alle seitlichen Triebe bis zur angestrebten Kegelform geschnitten. Dann treiben die Knospen büschelweise aus und es entsteht das buschige Idealbild. Die Bäume werden so dicht, dass man die bei Triebbeschneidungen oft unvermeidlichen Stammkrümmungen nicht mehr sieht. Manche Experten warnen aber vor der amerikanischen Mode. Sie weisen darauf hin, dass sich der so getrimmte Weihnachtsbaum kaum noch von dem immer häufiger gekauften Plastikbaum unterscheidet. Wer dem amerikanischen Vorbild nacheifere, fördere ungewollt den Absatz der Plastikbäume.

Folgende Exoten werden bereits im praktischen Anbau ausprobiert oder von der Wissenschaft beziehungsweise den Baumschulen für die Eignung als Weihnachtsbäume getestet:

Große Küstentanne (*Abies grandis*). Diese wüchsige Tannenart aus dem Nordwesten Amerikas stellt relativ geringe Ansprüche an Klima und Boden. Sie wächst in der Jugend ziemlich schnell, ohne dass unbedingt eine Triebregelung erforderlich ist. Ein angenehmer Effekt ist der zitronenartige Geruch. Von Nachteil ist die Empfindlichkeit gegen die Pilzkrankheit Nadelbräune (Kabatina).

Griechische Tanne (*Abies cephalonica*). Die aus dem südlichen Griechenland stammende Tanne mit dunkelgrünen steifen Nadeln ist schnellwüchsig, verbissfest, aber spätfrostgefährdet. Sie wächst auch noch auf extrem kalkreichen Standorten. Frostschäden führen zu einem unregelmäßigen Wuchs und machen intensive Korrekturen notwendig.

König-Boris-Tanne (*Abies borisii-regis*). Sie kommt aus Nord- und Mittelgriechenland sowie Südbulgarien, hat tiefgrüne, der Nordmannstanne ähnelnde Nadeln und bevorzugt kalkhaltige warme Standorte. Nach Meinung der Wissenschaftler in Wolbeck könnte sie auf Kalkstandorten eine Alternative für die Nordmannstanne und die Stechfichte sein.

Bornmüller-Tanne (*Abies bornmuelleriana*). Sie kommt aus einem kleinen Gebiet in Anatolien, ähnelt in ihrem Aussehen der Nordmannstanne, treibt aber früh aus und ist deshalb spätfrostgefährdet.

Veitch-Tanne (*Abies veitchichii*). Die von der japanischen Insel Hondo stammende Tanne ist sehr winterhart und hat eher hellgrüne dichte Nadeln. Sie bevorzugt einen Schirmanbau und humose, feuchte, aber kalkfreie Standorte. Der schnelle Wuchs führt zu kurzen Umtriebszeiten, erfordert aber einen sehr hohen Schnittaufwand. Charakteristisch sind die zweifach gefärbten Nadeln. Sie sind an der Oberseite glänzend grün, während die Unterseite silbrig weiß erscheint.

Kork- oder **Arizona-Tanne** (*Abies lasiocarpa*). Sie stammt aus den angesprochenen Gebieten Nordamerikas, hat angeblich hohe Ansprüche an Temperatur und Niederschläge, wird aber nach Erfahrungen aus dem Gartenbauzentrum Wolbeck selbst in Norwegen erfolgreich angebaut. Der frühe Austrieb wird bei Kreuzungen mit der Koreatanne vermieden. Sie liebt den Anbau unter einem Schirm und ver-

Tabelle 3 Baumarten und ihre wichtigsten Merkmale.

Baumart	Herkunft	Nachfrage	Wuchsform	Nadeln
				Farbe
Nordmannstanne	Ambrolauri	hoch	mittel/dicht	dunkelgrün
	Bordjomi	hoch	mittel/dicht	dunkelgrün
	Tschemtschugi	hoch	schlank/dicht	dunkelgrün
	Apsheronsk	hoch	mittel	dunkelgrün
Stechfichte	Kaibab	rückläufig	breit	blau-grün
	Arizona Apache	rückläufig	mittel-breit	blau-grün
	Jakob Lake	rückläufig	schlank	blau
Gemeine Fichte	heimisch	schwach	schlank-breit	mittel-dunkel
Coloradotanne	West USA	schwach	schlank-breit	stahlgrau
Koreatanne	heimisch	steigend	schlank	grün-blaugrün
Edeltanne	Nordwest USA	mittel	unregelmäßig	grün-silbrig
Serbische Fichte	Bosnien	schwach	sehr schlank	mittelgrün
Große Küstentanne	Nordwest USA	gering	mittel	dunkelgrün
Griechische Tanne	Südgriechenland	gering	mittel	dunkelgrün
König-Boris-Tanne	Nordgriechenland	gering	mittel	dunkelgrün
Bornmülle-Tanne	Anatolien	gering	mittel/dicht	dunkelgrün
Veitch-Tanne	Japan	gering	mittel	hellgrün
Kork-Tanne	USA	steigend	mittel	mittelgrün
Nikkotanne	Japan	gering	mittel	hellgrün
Douglasie	USA	gering	schlank	mittelgrün
Frasertanne	USA	gering	sehr dicht	mittelgrün

Die Angaben für Austrieb und Frosthärte beziehen sich auf eine mittlere Höhenlage.
Generell können die einzelnen Merkmale wie Wuchsform, Austrieb, Frosthärte und die Ansprüche an Boden, Klima und Schnitt regional sehr unterschiedlich ausfallen.

	Austrieb	Frosthärte	Ansprüche an			
Haltbarkeit			Boden	ph-Wert	Klima	Schnitt
gut	Mitte Mai	mittel	mittel	4–6	mittel-feucht	Triebregulierung
gut	Mitte Mai	mittel	mittel	4–6	mittel-feucht	Triebregulierung
gut	Ende Mai	hoch	mittel	4–6	mittel-feucht	Triebregulierung
gut	Anfang Mai	schwach	mittel	4–6	mittel-feucht	Triebregulierung
gut	Mitte-Ende Mai	hoch	gering	6–8	mittel-trocken	Doppelgipfel
gut	Mitte Mai	mittel	gering	6–8	mittel-trocken	Doppelgipfel
gut	Anfang Mai	schwach	gering	6–8	mittel-trocken	Doppelgipfel
schlecht	Mitte-Ende Mai	mittel-gut	gering	4–6	mittel-feucht	Triebregulierung
gut	Ende Mai	mittel-gut	gering	6–8	eher trocken	teilweise
gut	Ende Mai	gut	mittel	4–6	mittel-feucht	relativ hoch
mittel	Mitte Mai	schwach	hoch	4–5	feucht	hoch
mittel	Mitte Mai	mittel	relativ hoch	4–6	mittel-feucht	Triebregulierung
mittel	Mitte Mai	mittel	gering	4–6	trocken-feucht	Triebregulierung
mittel	Mitte Mai	schwach	relativ gering	6–8	rel. trocken	relativ hoch
mittel	Mitte Mai	schwach	relativ gering	6–8	rel.trocken	teilweise
mittel	Anfang Mai	schwach	relativ gering	4–6	mittel	teilweise
mittel	Mitte Mai	hoch	mittel	4–6	feucht	hoch
mittel	Mitte April	mittel	mittel	4–6	mittel-trocken	hoch
schlecht	Ende Mai	gut	mittel	4–6	mittel	gering
mittel	Anfang Mai	schwach	mittel	4–6	mittel	hoch
rel.schlecht	Anfang Mai	schwach	relativ hoch	4–6	feucht	teilweise

trägt sehr starke Schnitte nach Art des amerikanischen Shearing. Die häufiger als Nachteil beschriebenen, sehr weichen jungen Triebe werden nach Auskunft eines Experten sehr schnell fest und dann unempfindlich.

Nikkotanne (*Abies homolepsis*). Die aus Japan stammende Baumart ist durch ihren späten Austrieb wenig frostempfindlich. Sie zeigt einen sehr gleichmäßigen Wuchs mit eher hellgrünen Nadeln. Nachteilig ist der relativ frühe Nadelabwurf.

Douglasie (*Pseudotsuga menziesii*). Von ihr wurden in den USA langsam wachsende und zum Teil blaunadlige Variationen selektiert und vermehrt, die dort nach intensivem Beschneiden erhebliche Marktanteile erreicht haben. Die Experten in Wolbeck halten Ähnliches auch in Europa für möglich. Die Douglasie ist ziemlich frostempfindlich und gedeiht schlechter auf neutralen bis alkalischen Standorten.

Frasertanne (*Abies fraseri*). Weil sie sehr dicht wächst und damit von Natur aus dem amerikanischen Idealtyp entspricht, ist die Frasertanne in den USA als Weihnachtsbaum sehr beliebt. Die Ansprüche an den Standort ähneln denen der Edeltanne (*Abies procera*). Dementsprechend sind sie relativ hoch. Der recht frühe Austrieb macht die Bäume außerdem frostempfindlich. Auch die Haltbarkeit der Nadeln lässt nach Praktiker-Erfahrungen teilweise zu wünschen übrig.

Pazifische Purpurtanne (*Abies amabilis*). Sie stammt aus dem US-Bundesstaat Washington, wächst relativ langsam, hat aber ein sehr attraktives Aussehen. Sie wird in Skandinavien und ganz selten in Deutschland versuchsweise angebaut.

6 Herkunft von Samen und Jungpflanzen

Der Grundstein für den Erfolg wird bereits bei der Kulturbegründung gelegt. Dabei ist zu bedenken, dass hier gemachte Fehler nicht wie bei den üblichen landwirtschaftlichen Kulturen bereits im nächsten Jahr korrigiert werden können. Weihnachtsbäume stehen nach dem Anpflanzen mindestens vier bis sechs Jahre, bevor überhaupt ein Ertrag möglich ist. Und bis eine Kultur vollkommen abgeräumt und neu begründet werden kann, vergehen in der Regel zehn bis fünfzehn Jahre.

Professor Jürgen Matschke, einer der führenden Experten der Branche, stellt an den Anfang aller Überlegungen den Satz: „Die Herkunftswahl der Baumarten entscheidet über den Kulturerfolg. Nicht nur der zunehmende Konkurrenzdruck, sondern die von den Kunden geforderten Qualitäten setzen wertvolles und einwandfreies Saatgut definierter Herkünfte aus niederen Höhenlagen unter 1300 m voraus. Erst in zweiter Linie ist die an den Standort angepasste optimale Kulturpflege wichtig."

Damit diese Aussagen zur Anwendung kommen, ist eine enge Partnerschaft zwischen Saatgutlieferant, Pflanzschule und Anbauer notwendig. Nur selten erzeugen die Produzenten von Weihnachtsbäumen die für die Neuanlage einer Kultur notwendigen Jungpflanzen selbst. In der Regel überlassen sie dieses Spezialgebiet einer Baum-

Abb. 7. Kleine Pflanzschule eines Weihnachtsbaumproduzenten für die Eigenversorgung mit Jungpflanzen.

schule. Diese Baumschulen beziehen den Samen wiederum von Händlern für Forstsaatgut.

An das Saatgut und die Jungpflanzen von Weihnachtsbäumen werden ganz andere Anforderungen gestellt als an die für den Aufbau eines Waldes benötigten Forstpflanzen. Im Wald kommt es darauf an, dass die Jungpflanzen von heimischen Arten stammen, gut an die Bedingungen der örtlichen Region angepasst sind und im hiebfähigen Alter viel und gutes Holz liefern.

Bei den Weihnachtsbäumen spielt die Holzproduktion keine Rolle. Gefragt sind die bereits beschriebenen Eigenschaften im Jugendalter. Heimische Arten sind wenig gefragt. Um die unterschiedlichen Bedingungen zu erfüllen, haben sich einige Handelsfirmen auf Saatgut für Weihnachtsbäume spezialisiert. Sie ernten die Samen in den ausländischen Herkunftsgebieten häufig selbst oder wählen die Bäume aus, von denen der Samen gewonnen wird.

Bei den Nordmannstannen erfolgt die Samenernte in der Zeit von Mitte September bis Anfang Oktober. Die dann noch grünen Zapfen werden in den Heimatregionen im Kaukasus getrocknet, bis sie sich öffnen und in einem einfachen technischen Verfahren die Samen freigegeben. Die Samen werden dann grob gereinigt und in Säcken zur Aufbereitung nach Deutschland gebracht. Bevor sie in den Handel kommen, wird jede einzelne Partie auf Keimfähigkeit untersucht, die bei mindestens 70 % liegen soll. Gleichzeitig erfolgt im Labor die genetische Herkunftsprüfung, der so genannte genetische Fingerabdruck. Die auf diesem Weg gesicherte Keimfähigkeits- und Herkunftsgarantie ist für den Einkäufer der Baumschule ein wichtiges Qualitätsmerkmal. Ein Kilogramm Samen kostet im Handel rund 100 Euro und reicht für 3000 bis 5000 fertige Jungpflanzen.

Die Aussaat in der Baumschule erfolgt zwischen Ende April und Anfang Juni im Freiland oder seltener und dann früher im Gewächshaus. Acht bis 10 Wochen vorher wird der trockene Samen durch die so genannte Stratifikation, eine besondere Behandlung in einem feuchten Medium, in Keimstimmung gebracht. Diese Stratifikation und das dazu verwendete Medium behandelt jede Baumschule als Betriebsgeheimnis. Teilweise werden die einzelnen Samen sofort in kleine Töpfe, die so genannten Jiffi-Pots gebracht, in denen die daraus wachsende Jungpflanze direkt vom Weihnachtsbaumproduzenten in die Anlage gepflanzt werden kann.

Nach der üblichen Aussaat im Freiland der Baumschule müssen die dicht stehenden kleinen Pflänzchen im darauf folgenden Sommer „verschult“, das heißt vereinzelt und in Reihen umgepflanzt werden. Im darauf folgenden Frühjahr beziehungsweise Frühsommer und damit im Alter von rund zwei Jahren werden den verschulten Jungpflanzen mit einem Unterschneidepflug am Traktor der Baumschule die Wurzeln beschnitten. Sie werden damit zur Bildung eines für das

Auspflanzen wichtigen dichten Wurzelnetzes angeregt. Ein Jahr später kommen die Jungpflanzen mit der Altersbezeichnung 2+1 und damit dreijährig in den Handel. Rund 80 % der von den Weihnachtsbaumproduzenten bezogenen Jungpflanzen haben dieses Alter. Vierjährige 2+2-Pflanzen empfehlen sich für Regionen mit starkem Unkrautwuchs und schwierigem, nasskaltem Klima.

Bis heute wird das Saatgut für Weihnachtsbäume in erster Linie an den Heimatstandorten der betreffenden Arten gewonnen. Die Heimat der wichtigsten Weihnachtsbaumart, der Nordmannstanne, liegt im Kaukasus nordöstlich und östlich des Schwarzen Meeres. Dieses Gebiet reicht von Südrussland über das westliche Georgien bis zur nordöstlichen Türkei. Am bekanntesten sind die Herkünfte aus Georgien mit den regionalen Bezeichnungen Ambrolauri, Bordjomi, Beshumi, Bakuriani und Tschmetschugi. Hinzu kommen neuerdings aus dem südrussischen Kaukasus die Samenstandorte Apsheronsk, Krasnaja Poljana, Psebaj und Arhysz sowie aus der nordöstlichen Türkei Meydancik, Savsat und Artvin. Die heimischen Standorte der Blau- oder Stechfichte sind die US-Staaten Arizona, Colorado und Utah. Bevorzugte Herkunftsbezeichnungen sind Kaibab, Frank's Canyon, Elder Berry, Jakob Lake, Big Lake, Magnum, Apache, Nutrioso, Redstone, Mascalero und Dove Creek.

Gerade bei der derzeit wichtigsten Baumart, der Nordmannstanne, sind die Herkunftsgebiete sehr groß. Einige Samenlieferanten haben die Gebiete deshalb noch weiter unterteilt und nummeriert. Zum Beispiel als Ambrolauri 163.96, und Ambrolauri 216.97, Bakuriani

Abb. 8. Herkunftsvergleich bei der Nordmannstanne. Links gute, rechts schlechte Entwicklung.

173.96 sowie Tschemtschugi 1 und 2. Die Bäume der Herkunft Bakuriani wachsen nach Firmenangabe relativ schnell und schmal, sind aber etwas frostanfällig. Sie eignen sich am ehesten für die Massenproduktion der Qualitätsstufe B. Die Herkunft Tschemtschugi treibt dagegen zwei bis drei Wochen später aus, wächst zwar etwas langsamer, eignet sich aber am besten für kalte Standorte in Höhenlagen.

Grundsätzlich ist außer der geographischen Lage der Herkunftsregion auch die Meereshöhe wichtig.

Je höher die Region liegt, in der die Samen gewonnen werden, umso früher treiben die daraus gewonnenen Jungpflanzen unter westeuropäischen Verhältnissen aus. Für spätfrostgefährdete Lagen sollte deshalb unbedingt Saat- bzw. Pflanzgut von Höhenlagen nicht über maximal 1200 Metern bezogen werden. Im relativ milden Münsterland treiben Jungpflanzen der Nordmannstanne aus den türkischen Herkünften in der Regel am 1. Mai aus, die südgeorgischen Gebiete, wie Bordjomi und Beshumi, folgen am 10. Mai. Ambrolauri-Herkünfte treiben am 20. Mai aus und Herkünfte aus Südrussland, z. B. Apsheronsk, erst am 30. Mai.

Das Gartenbauzentrum Westfalen-Lippe in Münster hat das Austriebsverhalten der einzelnen Baumarten unter den Verhältnissen des Münsterlandes untersucht. Am frühesten, das heißt in der ersten Aprilhälfte, treibt dort die Kork- oder Arizona-Tanne *(Abies lasiocarpa)* aus. Ab Mitte April folgt die König-Boris-Tanne *(Abies borisii-regis)* und kurz darauf erfolgt der Austrieb der Bornmüller-Tanne *(Abies bornmuelleriana)*, der Veitch-Tanne *(Abies veitchichii)* und der Coloradotanne *(Abies concolor)*. Um den 1. Mai treibt die Griechische Tanne *Abies cephalonica)* aus. In den Tagen darauf folgt die Nordmannstanne *(Abies nordmanniana)*. Wenig später treibt die Frasertanne *(Abies fraseri)* aus. Am spätesten, das heißt etwa um Mitte Mai, erfolgt im Münsterland der Austrieb der Koreatanne *(Abies koreana)*. Dabei muss beachtet werden, dass der jeweilige Austrieb im Münsterland etwa 14 Tage früher erfolgt, als beispielsweise in dem 400 bis 600 Meter hoch gelegenen Sauerland. Die Blau- oder Stechfichte *(Picea pungens glauca)* treibt je nach Herkünften und Höhenlage der Anbauregion zwischen Anfang und Ende Mai aus.

In der Praxis ist es nicht einfach, die Gewähr für gutes Saat- und Pflanzgut zu bekommen. Oft stammt der Samen von ausländischen Handelsfirmen, die ihre Ware von verschiedenen Lieferanten aus großen Einzugsgebieten beziehen, diese Einzelpartien vermischen und dann an Pflanzschulen exportieren. Saatgutlieferanten, die Wert auf hohe Qualität legen, ernten selbst und nehmen nur Samen von ausgelesenen schön gewachsenen und vitalen Bäumen, den so genannten „Plus-Bäumen“. Die Wolbecker Experten empfehlen, beim Saatgutbezug eine Herkunftsgarantie zu verlangen, jeweils nur Partien von abgegrenzten, nicht zu großen Regionen zu beziehen und nach Möglichkeit darauf zu achten, ob das Saatgut tatsächlich von Plus- oder Auslesebäumen stammt.

Wenn die Samen von unterschiedlichen, weit auseinander liegenden und in der Höhenlage stark differenzierenden Gebieten stammen, sind die daraus gezogenen Kulturen in Vitalität, Austriebszeit und Erscheinungsbild sehr uneinheitlich. Das führt zu kostenträchtigen Einbußen. Neuerdings lassen deshalb qualitätsorientierte Samenhändler die Herkunft einzelner Saatgutpartien nach einem neuen Verfahren bestimmen. Dazu wurde am Institut für Forstgenetik der Universität Göttingen ein biochemisches Verfahren entwickelt. Diese Herkunftsidentifizierung, der sogenannte genetische Fingerabdruck, wird bei der Firma ISOGEN in Reckershausen bei Göttingen durchgeführt. Allerdings ist eine solche Herkunftssicherung nicht billig. Eine einzelne Probe kostet etwa 500 €. Bei mehreren Proben reduziert sich der Betrag um je 100 €.

Die tatsächliche Qualität der Samen und der daraus gewonnenen Jungpflanzen und auch die Eignung verschiedener Baumarten zeigt sich oft erst ab dem vierten Standjahr einer Weihnachtsbaumkultur. Deshalb ist es wichtig, dass Baumschulen oder Weihnachtsbaumproduzenten, die großen Wert auf Qualität legen, eigene Versuche anlegen, um die Herkünfte zu testen. Eine der wichtigsten Erfolgsgrundlagen für alle Beteiligte ist, dass Saatguthändler, Baumschuler und Anbauer vertrauensvoll zusammenarbeiten, um Herkünfte und bevorzugte Auslesebäume der betreffenden Arten auf Dauer in die Anbaukonzeptionen mit einzubeziehen, nachdem sich diese nach entsprechender Prüfung auf ihren eigenen Anbauflächen bewährt haben. Herkünfte, die sich in Schleswig Holstein oder Niedersachsen bewährt haben, können im Sauerland, auf der Schwäbischen Alb oder im Schwarzwald ganz anders ausfallen. Ein erfahrener Weihnachtsbaumanbauer aus Bayern empfiehlt, das Risiko der Herkunftswahl durch den Jungpflanzenbezug von mehreren Baumschulen zu mindern.

Weil der Bezug von Saatgut aus den Heimatstandorten der verschiedenen Baumarten teuer und nicht ohne Qualitätsrisiko ist, wird schon seit Jahren immer wieder versucht, Saatgut in größerem Umfange auch in den Produktionsgebieten der Weihnachtsbäume zu gewinnen. Das gilt beispielsweise für Nordmannstannen, Stechfichten, Coloradotannen und die Pazifische Edeltanne.

Entsprechende Samenplantagen sind vor allem in Dänemark zu finden. Manchmal wird Saatgut auch einfach aus einer Weihnachtsbaumkultur von überständigen Bäumen geerntet, die über das Verkaufsalter hinausgewachsen sind. Diese Saatgutvermehrung ist nicht ohne Risiko, weil diese Plantagen oder Einzelbäume nicht gut genug von anderen isoliert werden können und dann unerwünschte Kreuzungen stattfinden. Tannen und Fichten sind Fremdbestäuber, das heißt, dass die weibliche Samenanlage vom männlichen Pollen eines anderen Baumes befruchtet werden muss. Die verschiedenen Tannenarten sind relativ eng verwandt, so dass beispielsweise Nordmannstannen auch von Weißtannen befruchtet werden können. Aus dem so erzeugten Samen entstehen dann Bäume mit anderem Aussehen und anderen Eigenschaften. Der sehr leichte Pollen von Weißtannen kann Strecken von mehr als 100 km überwinden. Dadurch kommt es bei dänischen Samenplantagen der Nordmannstanne immer wieder zu unerwünschten Einkreuzungen. Aussage eines Praktikers: „Selbst vom besten Plusbaum ist das Erbgut tatsächlich nur etwa zu einer Hälfte bekannt, weil es durch die Fremdbefruchtung ständig zu Einkreuzungen unbekannter Herkunft kommt.“

6.1 Der Weihnachtsbaum aus dem Zuchtgarten

Die vorher beschriebene zufällige und dann meistens unerwünschte Einkreuzung wird teilweise bei der Züchtung gezielt genutzt, um Weihnachtsbäume mit besonderen Eigenschaften zu finden. Es wird versucht, durch die gezielte Kombination von Herkünften, Sorten und Arten die Qualität zu verbessern sowie abzusichern und die Gesundheit der Pflanzen durch eine bessere Widerstandskraft gegen Krankheiten und Schädlinge zu stärken. Diese Züchtungsarbeit ist aber bei Weihnachtsbäumen über eine bestimmte Nische nicht hinausgekommen. Sie ist sehr aufwändig, so dass die daraus gewonnenen Jungpflanzen vom Preis her nicht mit den herkömmlich erzeugten konkurrieren können.

Die älteste und einfachste Möglichkeit ist die Auslesezüchtung. Sie wird bei Weihnachtsbäumen seit langem betrieben. In den ursprünglichen Herkunftsgebieten wird Saatgut von besonders schönen Bäumen gewonnen und am heimischen Standort ausgesät. Aus den daraus entstandenen Bäumen werden die schönsten Exemplare als „Plusbäume“ klassifiziert, um von ihnen eigenes Saatgut zu gewinnen. Solche Plusbaum-Plantagen gibt es in Dänemark und vereinzelt auch in anderen deutschen Regionen und in Österreich.

Um die besten Eigenschaften von zwei unterschiedlichen Herkünften einer Art oder von verschiedenen Arten zu verschmelzen, führen Pflanzenzüchter auch bei Weihnachtsbäumen gezielte Kreuzungen durch. Aus der daraus entstandenen Kreuzungs- oder F1-Generation werden wiederum die schönsten als Plusbäume ausgesucht, um von ihnen Samen für Weihnachtsbäume mit besonderen Eigenschaften zu gewinnen, wie beispielsweise Wuchsform, Nadelfarbe oder Frosthärte. Weil Nadelbäume Fremdbefruchter sind, also die Blüten nur von den Pollen eines anderen Baumes befruchtet werden und die relativ leichten Pollen oft sehr weit fliegen, finden solche Kreuzungen in der Natur spontan und relativ häufig statt.

Weil sich die F1-Generation in ihren Eigenschaften aber oft stark aufspaltet und dabei Pflanzen mit völlig unterschiedlichem Wuchs entstehen, ist die Kreuzung bei Nadelbäumen nicht einfach. Dieses Risiko kann allerdings durch eine Rückkreuzung mit einem der beiden Elternteile vermindert werden.

Ein vollkommen einheitliches Erscheinungsbild aller Nachkommen einer Kreuzung wird nur dann erreicht, wenn die Jungpflanzen nicht in Form der aus dem Samen gewachsenen Sämlinge, sondern als Klone und damit auf vegetativem Wege gewonnen werden. Dies ist möglich über die Stecklingszucht oder über Veredlungen. Bei der Stecklingszucht werden Reiser in Erde oder in ein besonderes Nährmedium gesteckt, wo sie Wurzeln und oberirdische Pflanzenteile austreiben. So entstehen aus den Reisern eines Baumes Jungpflanzen mit dem immer gleichen Erbgut und gleichen Eigenschaften.

Plusbaum = Auswahl der dem Zuchtziel am nächsten kommenden, überdurchschnittlich geformten Altbäume eines Wuchsgebietes (Auslesebäume) zur Gewinnung von Samen.

Bei Veredlungen von Weihnachtsbäumen werden wie im Obstbau Reiser eines gewünschten Baumes auf eine wuchsfreudige Unterlage aufgepfropft. Beide Verfahren, die Stecklingszucht wie die Veredlungen, werden in Baumschulen angewandt, sind aber gegenüber der Sämlingsanzucht noch immer deutlich teurer und auch nicht bei allen Arten möglich. Viel versprechend sind neue Entwicklungen, bei denen eine vegetative Vermehrung im Labor erfolgt. Damit kann es gelingen, das bei der natürlichen Vermehrung von Weihnachtsbäumen unerwünschte Aufspalten der Erbanlagen und Eigenschaften zu vermeiden und tatsächlich Jungpflanzen mit gleichem Aussehen und gleichen Eigenschaften zu gewinnen.

Gute Ergebnisse mit dem Verklonen über die Stecklingsanzucht wurden bei der Stechfichte erzielt. Entsprechende Versuche führten zu der Aussage. „Es hat sich gezeigt, dass der Weg der Verklonung bewährter Auslesebäume der optimale ist."

Ein Pionier bei der Züchtung neuer Weihnachtsbäume ist Kurt Wittbold-Müller von der SCIA-Baumschule in Verden an der Aller, die als zweite Bezeichnung noch heute seinen Namen trägt. Er fand vor etwa 35 Jahren die erste blaunadelige Koreatanne. Sie entstand aus einer Mutation, die durch eine Behandlung des Samens mit Kobaltstrahlen hervorgerufen wurde. Nach sechs Jahren bekam diese blaunadelige Koreatanne die ersten Blüten. Diese Blüten wurden im Rahmen der als „Selbstung" bekannten Züchtungsmethode mit dem eigenen Pollen bestäubt. Die Nachkommen aus dieser Selbstung wurden intensiv nach blauer Nadelfarbe sortiert und als Geschwister miteinander gekreuzt. Auch die daraus entstandenen Nachkommen wurden wiederum nach Blaufärbung sortiert und dann auf geeignete Unterlagen veredelt (aufgepfropft).

Nachdem diese Veredlungen eine Höhe von 30 bis 40 cm erreicht hatten, wurde mit ihnen ein von anderen Tannenarten isoliertes Plusbaum-Quartier eingerichtet. Die daraus nach acht Jahren gewonnenen Nachkommen waren konstant blaunadelig. In der mit ihnen angelegten, wiederum von andern Arten isolierten Plantage haben sich die

Bäume gegenseitig fremdbestäubt. Die aus ihrem Samen gezogenen Weihnachtsbäume der Koreatanne zeigen eine hohe genetische Stabilität der blauen Nadelfarbe. Sie sind unter der Bezeichnung 'Blauer Pfiff' im Handel. Auf gleichem Wege wurden von der Baumschule Wittbold-Müller auch die durchgehend blaunadelige Blaufichte 'Super Better Blue' gezüchtet.

Beide Züchtungen haben aber leider nicht den erhofften Sprung als Weihnachtsbaum geschafft. Für Uwe Langwald, der heute die Baumschule in Verden betreibt, mag es daran liegen, dass die Koreatanne als Weihnachtsbaum insgesamt nicht so beliebt ist oder auch daran, dass die Pflanzen doch nicht die schöne Färbung einer Blaufichte erreicht haben. Zum anderen sei es zwar gelungen, aus der Kreuzungen einer blaufarbigen Koreatanne und einer Kork- oder Arizonatanne über die Veredlung eine gut gewachsene Art mit stahlblauen Nadeln zu züchten, die aber wegen der hohen Erzeugungskosten auf dem Markt für Weihnachtsbäume keine Chancen hat.

Mit Kreuzungen verschiedener Tannenarten nach ähnlichem Muster haben sich außer wenigen Baumschulen auch die Wissenschaftler im Gartenbauzentrum Wolbeck befasst. An der von Wolbeck veröffentlichten Beschreibung zeigt sich, wie mühsam ein solches Züchtungsverfahren ist. Von der ersten, der F1-Generation, konnten durch die starke Aufspaltung der Eigenschaften keine 10 % zur weiteren Vermehrung genutzt werden. Es zeigte sich dabei, dass dieses Aufspalten der Eigenschaften durch die vorausgegangene Selbstung der Eltern eingeengt werden kann. Die Vermehrung der durch Kreuzung und Auslese gewonnenen Bäume erfolgte vegetativ. Nach Wolbecker Angaben zeichnen sich die Kreuzungsprodukte durch folgende Eigenschaften aus:

- Schnellwüchsigkeit und gute Vitalität
- optimale Wuchsform
- ideales Höhen- zu Breitenverhältnis von 1,0 zu 0,65
- mehr als fünf Seitenknospen um den Gipfeltrieb und damit gute Quirlansätze
- leicht geneigte Astwinkel
- langes Nadelhaltevermögen
- mittlere Internodienlänge von 45 cm
- leuchtend grüne Nadelfarbe
- gute Winterfrosthärte
- Austrieb nach dem 5. Mai
- gute Eignung als Containerpflanze.

Wurde bei der Kreuzung eine blaunadelige Koreatanne eingesetzt, dann entstand als Endprodukt eine Tanne mit besonders intensiver Blaufärbung.

Baumschulen von A bis Z

Baumschulen, die Jungpflanzen für die Produktion von Weihnachtsbäumen anbieten, gibt es in nahezu allen Regionen Deutschlands und im angrenzenden Ausland. Schwerpunkte sind Schleswig-Holstein, der Harz, das Sauerland und das badenwürttembergische Oberland. Im benachbarten Ausland gibt es solche Baumschulen vor allem in Dänemark und Österreich.
Forstbaumschulen haben sich im Verband Deutscher Forstbaumschulen, Kiefernweg 29, 22844 Norderstedt zusammengeschlossen. Eine Mitgliederliste ist im Internet unter *www.vdfonline.de/kontakt.htm* zu finden.
Außerdem gibt es den Bund deutscher Baumschulen, Bismarckstraße 49 in 25421 Pinneberg: www.bsg-servive.de.
Betriebe, die sich einem besonderen Qualitätssicherungssystem unterwerfen und als Markenbaumschule firmieren sind im Internet unter www.bund-deutscher-baumschulen.de

6.2 Der Weihnachtsbaum aus dem Labor

Das Ziel, von Pflanzen mit idealen Eigenschaften auf vegetativem Weg schnell und kostengünstig beliebig viele gleiche Nachkommen zu gewinnen, verfolgen Pflanzenzüchter und Wissenschaftler schon seit längerer Zeit nicht nur im Zuchtgarten, sondern auch im Labor. Aus Wurzel- und Sprossteilen oder sogar einzelnen Zellen erzeugen sie „in-vitro", das heißt im Reagenzglas, durch die Zugabe bestimmter Nährlösungen und Hormone beliebig viele neue Pflanzen mit immer gleichen Merkmalen. Diese von den Wissenschaftlern unter der Bezeichnung „in-vitro-Vermehrung" zusammengefassten Methoden, die bei Zuckerrüben, Getreide und vielen Zierpflanzen gut gelingen, sind allerdings bei Nadelbäumen wesentlich schwieriger.

Eine der dort gebräuchlichen Methoden ist die somatische Embryogenese, bei der aus Einzelzellen auf asexuellem, also ungeschlechtlichem Wege Embryonen entstehen. Damit gelang bei Forstpflanzen 1985 der Durchbruch zunächst im Experiment. Die praktische Umsetzung sollte aber noch zwei bis drei Jahrzehnte auf sich warten lassen. Seit Anfang der neunziger Jahre arbeiten Wissenschaftler der Humboldt-Universität in Berlin an solchen Lösungen. Als Ausgangsmaterial werden beispielsweise bei Tannenarten die in den Samen angelegten Embryonen entnommen. Diese sogenannten zygotischen Embryonen werden auf einer Nährlösung kultiviert, die das Pflanzenhormon Cytokinin enthält. Innerhalb von sechs Wochen entsteht dort ein Zellhaufen aus dem sich dann die somatischen Embryonen als weißliche fadenförmige Gebilde entwickeln.

Die Embryozellen besitzen die Fähigkeit, sich unbegrenzt zu vermehren und immer wieder neue Embryonen zu bilden. In einem Laborgefäß mit dem Inhalt eines halben Liters, in dem sich 100 ml einer Nährlösung befinden, lassen sich innerhalb weniger Tage tausende solcher Embryonen gewinnen, aus denen in der weiteren Entwicklung Bäume mit jeweils gleichen Eigenschaften entstehen können. Diese Embryovermehrung lässt sich nach den Berliner Erfahrungen scheinbar unbegrenzt fortführen. In einem Labor der Humboldt-Universität werden seit mehr als zehn Jahren embryogene Kulturen der Europäischen Lärche vermehrt, ohne dass Änderungen im Erbgut eingetreten sind.

Im weiteren Verfahren werden die Zellhaufen aus der Vermehrungskultur mit sterilem Wasser gewaschen und dann als wässrige Suspension auf einem Reifungsmedium ausgebracht, das verschiedene Zucker, Aminosäuren und Hormone enthält. Aus einem Gramm der Vermehrungskultur erhält man bei der Lärche bis zu 2000 und bei Weiß- und Nordmannstanne einige hundert reife Emryonen. Abgedunkelt und kühl gelagert sind diese Embryonen monatelang lagerfähig. Für die Keimung und Keimlingsentwicklung brauchen sie eine tägliche Beleuchtung von 16 Stunden und ein zuckerhaltiges Nährmedium. Nach etwa zwei Wochen zeigen sich Keimblätter und Keimwurzeln. Dann werden die Keimlinge in eine Erdkultur überführt und dort wie andere Jungpflanzen weitergezogen.

Für Professor Dr. Kurt Zoglauer, der am Institut für Biologie der Mathematisch-Naturwissenschaftlichen Fakultät der Humboldt-Universität in Berlin die somatische Embryogenese betreibt, ist dieses Verfahren die einzige Möglichkeit einer praktikablen und wirtschaftlichen vegetativen Vermehrung von bestimmten Nadelbaumarten, wie z. B. der Nordmannstanne. Wie er berichtet werden diese Arbeiten in Ländern mit starker privater Forst- und Holzindustrie (z. B. Kanada) zielstrebig vorangetrieben und stehen an der Schwelle zum praktischen Einsatz. Schon heute stehen dort in Feldversuchen Millionen von Pflanzen ausgewählter Klone von Fichten- und Kiefernarten sowie der Douglasie. Nach Zoglauers Ansicht wird dieser Entwicklung in der deutschen Forstwirtschaft noch zu wenig Beachtung geschenkt. Auch bei der Produktion von Weihnachtsbäumen sieht er ein interessantes Anwendungsgebiet. Gelänge es, Klonsorten der wichtigsten Baumarten zu entwickeln, könnten eine Reihe von Produktionsproblemen auf einfache Weise gelöst werden. Bei gleichen Anbaueigenschaften innerhalb einer Klonsorte und einheitlicher Qualität ließe sich die Erfolgsquote, das heißt der Anteil der gut vermarktungsfähigen Bäume, erheblich steigern.

7 Bodenbearbeitung und Pflanzung

Ein guter Start ist alles. Gutes Pflanzgut, ein richtig vorbereiteter Boden und sorgfältiges Pflanzen sind für das Wachstum, die Qualität und die Standzeit der Weihnachtsbäume, für den Anteil zu guten Preisen vermarktungsfähiger Bäume und damit für den wirtschaftlichen Erfolg ausschlaggebend. Fehler, die hier gemacht werden, lassen sich gar nicht oder nur mühsam korrigieren. Ein Praktiker: „Gerade die Nordmannstannen leiden oft unter einem Verpflanzschock. Wer ihnen keinen optimalen Start ermöglicht, kann durch das Sitzenbleiben der Pflanzen leicht drei Jahre verlieren. Außerdem werden solche schlecht gestarteten Bäume unten sehr breit und haben nachher die beim Käufer ungeliebte Tonnenform."

Tannen und Fichten sind gegenüber den meisten landwirtschaftlichen Kulturen ziemlich anspruchslos. Wer aber glaubt, man könne auf so genannten Grenzböden, auf denen keine rentable landwirtschaftliche Kultur mehr möglich ist, ohne weiteres Weihnachtsbäume anbauen, liegt falsch. Wer in möglichst kurzen Umtriebszeiten von acht bis 15 Jahren qualitätsgerechte Weihnachtsbäume produzieren will, braucht für die in Frage kommenden Tannen- und Fichtenarten Böden mit einer durchwurzelbaren Krume von 20 bis 30 cm, die einerseits keinen zu hohen Tongehalt aufweisen, andererseits aber auch

Abb. 9. Neuanlage im Odenwald, Mitte Juni des zweiten Standjahres.

nicht zu leicht sind, damit sie genügend Nährstoffe und Wasser halten können.

Schlechtere, flachgründigere Böden müssen deshalb aber noch lange nicht volkommen ausscheiden. Hier ist allerdings der Aufwand für Bodenbearbeitung, Düngung und Pflege höher, die Umtriebszeit länger und der Prozentsatz marktfähiger Bäume niedriger.

Entscheidend für die Artenwahl ist vor allem der Kalkgehalt des Bodens.

Die gängigsten Arten bevorzugen einen pH-Wert von 4,2 bis 5,8. Für kalkreiche Standorte eignen sich, wie bereits beschrieben, die Coloradotanne, die Griechische Tanne und die König-Boris-Tanne. Von den Favoriten kommt die Blau- oder Stechfichte noch am ehesten mit kalkreichen Standorten zurecht.

Neue Kulturen werden in aller Regel auf Ackerflächen oder umgebrochenem Grünland angelegt. Doch auch auf nicht umgebrochenen Wiesen ist eine Anlage möglich. Allerdings scheidet dann die Maschinenpflanzung aus. Außerdem tritt die dichte Begrünung der Wiese bei der Wasserversorgung in Konkurrenz zu den Weihnachtsbäumen, so dass sie nur bei relativ hohen Niederschlägen zu empfehlen ist. Ackerflächen müssen vor der Neuanpflanzung möglichst tief durch Pflügen, Grubbern oder Fräsen gelockert werden. In den meisten Fällen wird die Fräse eingesetzt. Um beim nachfolgenden Befahren der Flächen keine tiefen Spuren zu hinterlassen, ist es gut, wenn sich der Boden vor der Pflanzung entweder abgesetzt hat oder gewalzt wurde.

Weihnachtsbäume sind weitgehend mit sich selbst verträglich. Es muss deshalb keine im Ackerbau übliche Fruchtfolge eingehalten werden. Trotzdem halten es erfahrene Spezialisten vor allem bei der Blaufichte für gut, wenn zwischen die nacheinander folgenden Weihnachtsbaumkulturen eine Saison mit landwirtschaftlichen Arten, wie Getreide oder Mais, eingeschoben wird. Um eine pflanzenaktive Tiefenlockerung zu erreichen, empfehlen manche, über ein Jahr hinweg eine tief wurzelnde Zwischenfrucht – beispielsweise Ölrettich – anzupflanzen, die dann als Gründüngung verwendet wird.

Das Standardgerät für die Bodenbearbeitung ist in aller Regel die Fräse am Ackerschlepper. Mit einer sogenannten Rodefräse ist es sogar möglich, die von der Vorkultur übrig gebliebenen Wurzelstrünke so zu zerkleinern, dass direkt in den gefrästen Boden gepflanzt werden kann. Professionelle Erzeuger, die großflächige Kulturen betreiben, verzichten vorher sogar auf das Entfernen der nicht vermarktungsfähigen Restbäume. Sie setzen selbst oder durch einen Lohnunternehmer schwere Forst-Mulchgeräte ein, die den Restbestand so zerschlagen, dass er ohne weiteres eingefräst werden kann.

Beim Bezug der Jungpflanzen aus der Baumschule ist auf gute Qualität zu achten. Die von einem Weihnachtsbaum erwarteten Qualitätseigenschaften sind nur zu erreichen, wenn die Anlage dazu be-

Abb. 10. Die Pflanzmaschine erleichtert und beschleunigt die Arbeit. Voraussetzung ist eine gute Bodenvorbereitung.

reits in der Jungpflanze vorhanden ist. Dazu der Rat einer Expertin: „Pflanzenkauf ist eine Vertrauenssache ersten Ranges. Gehen Sie darum in Ihre Baumschule. Betrachten Sie persönlich die Quartiere. Schauen Sie, ob der Betrieb bei Aushub, Sortierung, Lagerung und Wurzelschutz sauber arbeitet. Kaufen Sie keine Billigware, nur weil man Ihnen ein paar Cent Preisnachlass verspricht. Kaufen Sie nur gute Qualität gesicherter Herkunft. Bestimmen Sie nach Möglichkeit die Sortierungskriterien. Eine dreijährige Jungpflanze soll im Gipfeltrieb außer der Gipfelknospe mindestens drei Seitenknospen haben. Eine vierjährige Pflanze muss schon mindestens drei gut geformte Seitenäste haben. Erforderlich ist generell ein gutes Maß an schöner, leistungsfähiger Grün- und Wurzelsubstanz. Bedenken Sie, dass eine vierjährige Jungpflanze bereits ein Viertel bis ein Drittel des gesamten Umtriebsalters hinter sich hat. Die Arbeitsqualität der Baumschule entscheidet damit ganz maßgeblich über die Qualität Ihrer Weihnachtsbäume, über die Höhe Ihres Erlöses und über Ihren Erfolg als Produzent von Weihnachtsbäumen."

Schlecht ausgebildete Knospen an Gipfel- und Seitentrieben mit erkennbarem Harzfluss und Nadelvergilbungen zeigen eine minderwertige Qualität, die unter Umständen auf Schäden durch Pflanzenschutzmittel zurückzuführen ist. Das Wurzelsystem soll dicht verzweigt sein, einen hohen Anteil an Feinwurzeln aufweisen und nicht nur fächerartig nach den Seiten, sondern auch nach unten zeigen. Wichtig ist auch, dass die Pflanzen von der Baumschule aus möglichst schnell in den Boden kommen. Sie müssen sofort nach dem Ausschulen feucht gehalten und vor der Sonne geschützt werden.

Werden sie nicht sofort ausgepflanzt, muss man sie in einem kühlen Raum zwischenlagern oder an einem schattigen Platz im Boden einschlagen.

In der Regel werden wurzelnackte Jungpflanzen verwendet. Bei guter Bodenvorbereitung und richtiger Pflanztechnik wachsen sie in der Regel gut an. Die größere Sicherheit bieten Jungpflanzen mit Topfballen, die allerdings teurer sind. Wolbecker Versuche haben gezeigt, dass Jungpflanzen mit Topfballen auch noch Jahre nach dem Auspflanzen gegenüber wurzelnackten einen deutlichen Wachstumsvorsprung haben. Eine Besonderheit sind Pflanzen mit kleinen Wurzelballen, den so genannten Jiffy-Pots, die ohne weiteres mit den herkömmlichen Pflanzmaschinen ausgebracht werden können.

Das Pflanzen der drei- bis vierjährigen Setzlinge erfolgt heute meist mit der Maschine, die manchmal ebenfalls von einer Baumschule oder einem Lohnunternehmer überbetrieblich eingesetzt wird. Diese zweireihigen Pflanzmaschinen haben senkrecht gestellte, angetriebene Scheiben mit Klemmvorrichtungen, in die man die Jungpflanzen von Hand einlegt. Mit der drehenden Scheibe werden die Jungpflanzen mit den Wurzeln senkrecht nach unten in die von einem keilförmigen Schar gezogene Furche gebracht, mit Erde abgedeckt und über zwei Walzen festgedrückt.

Die Maschinenpflanzung hat nicht nur den Vorteil einer großen Leistungsfähigkeit und der Einsparung schwerer Handarbeit. Vorteilhaft sind auch die sauber angelegten Reihen, die später die maschinelle Unkrautbeseitigung und den Pflanzenschutz erleichtern. Außerdem bringt die Maschine die Jungpflanzen oft besser in den Boden als die menschliche Hand. Entscheidend für das gute An- und Weiterwachsen der Pflanzen ist die fächerartige und in die Tiefe weisende Verteilung der Wurzeln im Boden. Bei guter Bodenvorbereitung und nicht zu großer Bodenfeuchte wird dies mit der Pflanzmaschine sichergestellt. Bei der Pflanzung ist streng darauf zu achten, dass alle Wurzeln im Boden sind, die Pflanzen aber auch nicht zu tief sitzen. Wolbeck empfiehlt, die Pflanzen etwa zwei Zentimeter tiefer zu setzen als sie zuvor in der Baumschule im Boden waren.

Auf kleineren Flächen, beim Nachpflanzen und auf kontinuierlich betriebenen Plantagen wird nach wie vor von Hand gepflanzt. Auch dabei gilt, dass alle Wurzeln der jungen Pflanze in den Boden kommen müssen, dass sich die Wurzeln im Pflanzloch fächerartig ausbreiten können und nicht nur in einem Bodenschlitz eingeklemmt werden. Es gibt drei verschiedene Pflanzverfahren (siehe Abbildungen):

Beim **Rhodener-Verfahren** wird eine Hacke mit einem starken, oval geformten Blatt verwendet, das mit einem kräftigen Schlag in den Boden geschlagen wird. Durch Aushebeln des Stiels öffnet sich das Pflanzloch. Noch bevor man die Hacke aus dem Boden zieht, wird die Jungpflanze in den Boden gebracht und nach Abziehen der Hacke festgetreten. Wichtig ist, dass durch das Hin- und Herbewegen der Hacke genug lockerer Boden entsteht, damit sich die Wurzeln ausbreiten können (Abb. 12a).

Beim Pflanzen mit der Wiedehopfhacke (Abb. 11), die ein doppeltes, um 90° versetztes Blatt hat, das als Hacke und auf der anderen Seite als Beil benutzt werden kann, wird zunächst ein waagerecht zur Pflanzreihe verlaufender Schlitz in den Boden geschlagen. Im rechten Winkel dazu kommt die Hacke in den Boden. Durch Aushebeln des Stiels wird das Pflanzloch geöffnet und die Jungpflanze eingebracht. Auch hier wird erst nach dem Abziehen der Hacke der Boden fest getreten. Wichtig ist, dass ebenfalls genug lockerer Boden vorhanden ist und die Wurzeln nicht in den geschlagenen Schlitz eingeklemmt sind. Bei schweren feuchten Böden ist diese Gefahr groß.

Bei der Lochpflanzung mit dem halbringförmig gebogenen **Hohlspaten** wird durch zweimaliges Einstechen ein Erdpfropf geschaffen, der sich leicht mit dem Spaten herausziehen und nach Einbringen der Pflanze wieder zurücksetzen lässt. Der Hohlspaten eignet sich vor allem für größere Jungpflanzen aber nicht für steinige, stark durchwurzelte Böden (Abb. 12b).

Pflanzungen sind im Spätsommer beziehungsweise Frühherbst oder im Frühjahr möglich. Bei der Herbstpflanzung, die immer häufiger angewendet wird, aber bis Mitte September abgeschlossen sein sollte, können die Jungpflanzen noch vor dem Winter gut anwurzeln und im nächsten Jahr zügig weiter wachsen. Dieser Pflanztermin scheidet allerdings dort aus, wo regelmäßig mit einer ausgeprägten Sommertrockenheit zu rechnen ist. Zu befürchten sind unter Umständen Auswinterungsschäden und das ausgiebige Wachstum von Unkraut, das die Jungpflanzen womöglich noch vor dem Winter überwächst. Die Frühjahrspflanzung, die ab Ende März bis Mitte April erfolgt, hat den Vorteil der in aller Regel besseren Bodenfeuchte.

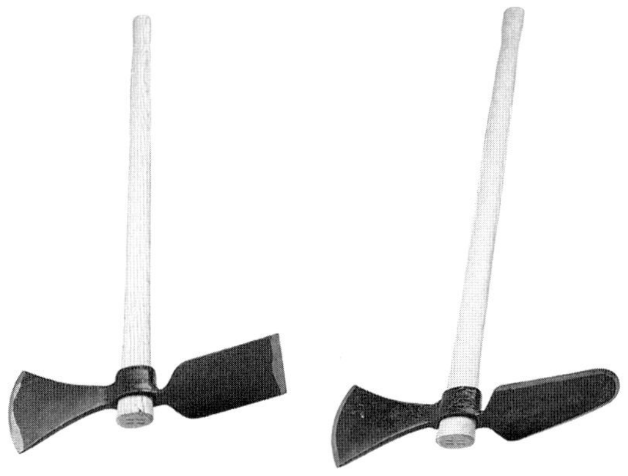

Abb. 11 Wiedehopfhacke. Links mit geradem Hackenblatt, rechts mit gerundetem Blatt für steinige und wurzelhaltige Böden.

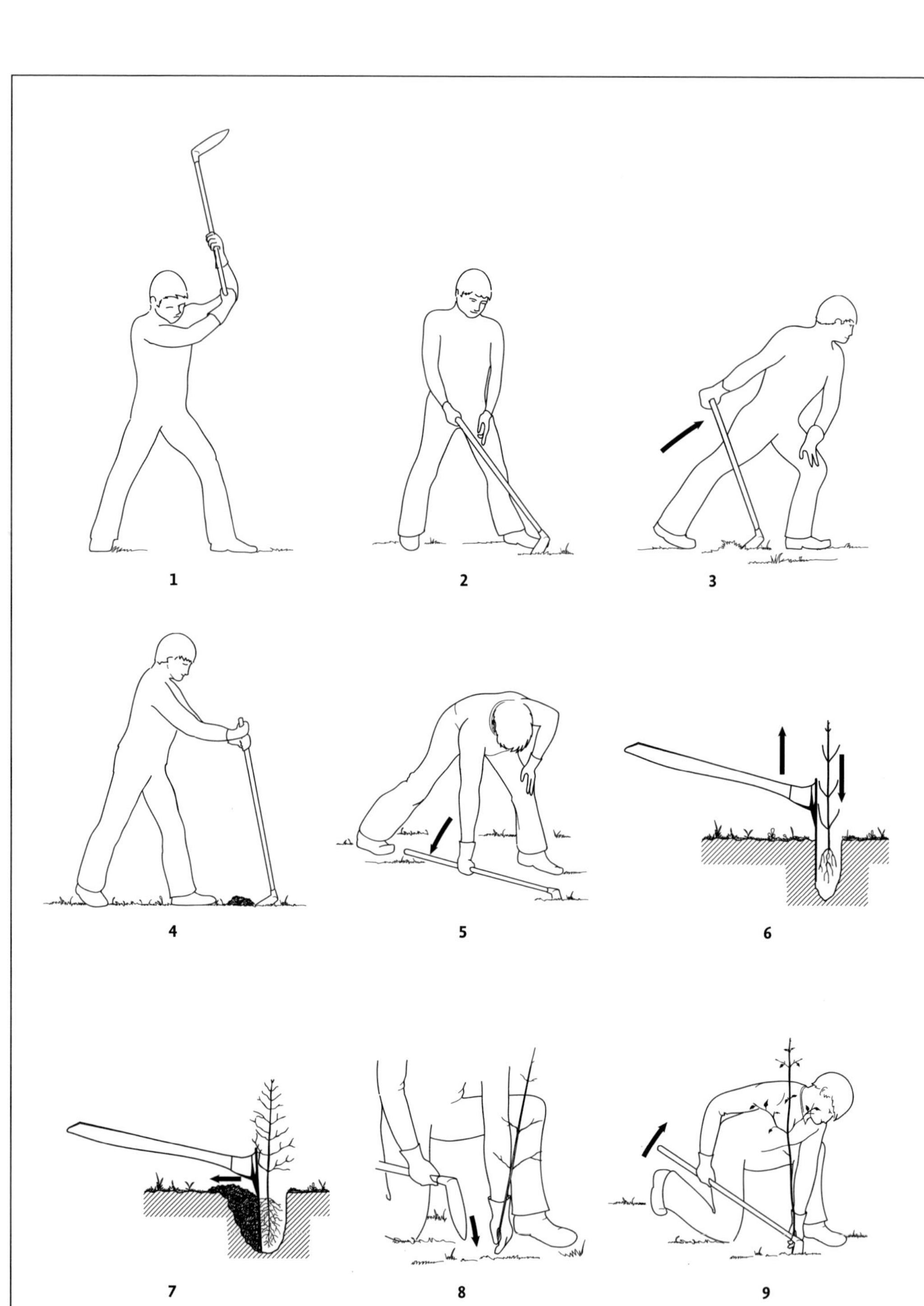
1
2
3
4
5
6
7
8
9

Abb. 12 a: Ablauf des Rhodener Pflanzverfahrens.

Schlagen

1 Aufrechte Körperhaltung, weite Schrittstellung.

2 Einschlagbereich auf Höhe des vorderen Fußes. 1–5 Schläge (je nach Bodenbeschaffenheit und Wurzelgröße).

Lockern

3, 4 Lockern des Erdreiches nach jedem Hieb durch Aushebeln nach vorn, wodurch ein Loch entsteht.

Pflanzloch öffnen

5 Haue nach hinten drücken, bis Hauenblatt senkrecht steht. Haue bleibt aber im Loch.

Pflanze setzen

6, 7 Pflanze in das entstandene Loch setzen und mit dem Herausziehen der Haue in das Loch schieben. Pflanze danach wieder leicht herausziehen, um die Wurzeln nach unten auszurichten. Pflanze in der Mitte des Loches gerade richten.

Loch schließen

8 Etwas lockeres Erdreich um die Wurzel verteilen, ca. 5–10 cm hinter der Pflanze einstechen.

9 Hauenblatt nach vorne Richtung Pflanze drücken, um den Boden zu verdichten. Pflanze muss dabei gerade gehalten werden. Festtreten.

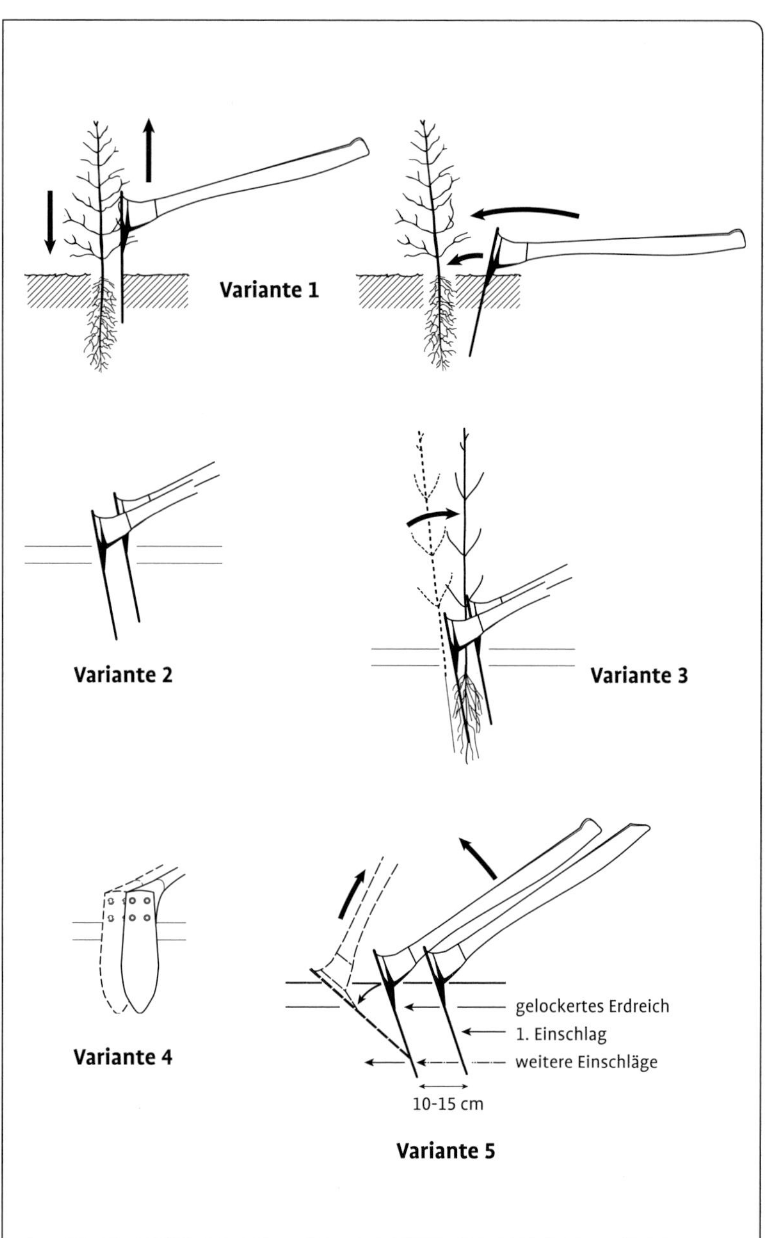

Abb. 12 a (Fortsetzung): Die verschiedenen Pflanzvarianten.

Variante 1
Ein bis zwei Schläge nur für Wildlinge und kleinwurzelige Pflanzen geeignet – Spaltpflanzung.

Variante 2
Zwei leicht versetzte Hauenschläge, um bei verdichteten Böden die gewünschte Eindringtiefe zu erreichen – Spaltlochpflanzung.

Variante 3
Ein bis zwei Hauenschläge mit seitlichem Vorbeiziehen der Pflanze am Hauenblatt. Ergibt eine gerade Pflanzenstellung – Spaltlochpflanzung.

Variante 4
Zwei seitlich versetzte Hauenschläge zur Aufnahme breiter Fahnenwurzeln – Spaltlochpflanzung.

Variante 5
Mehrere versetzte Hauenschläge. Dies schafft nach Lösen des so entstandenen Erdpropfs genügend Raum für größere Wurzeln. Pflanze mittig setzen – Lochpflanzung.

Variante 4 und 5 können kombiniert werden.

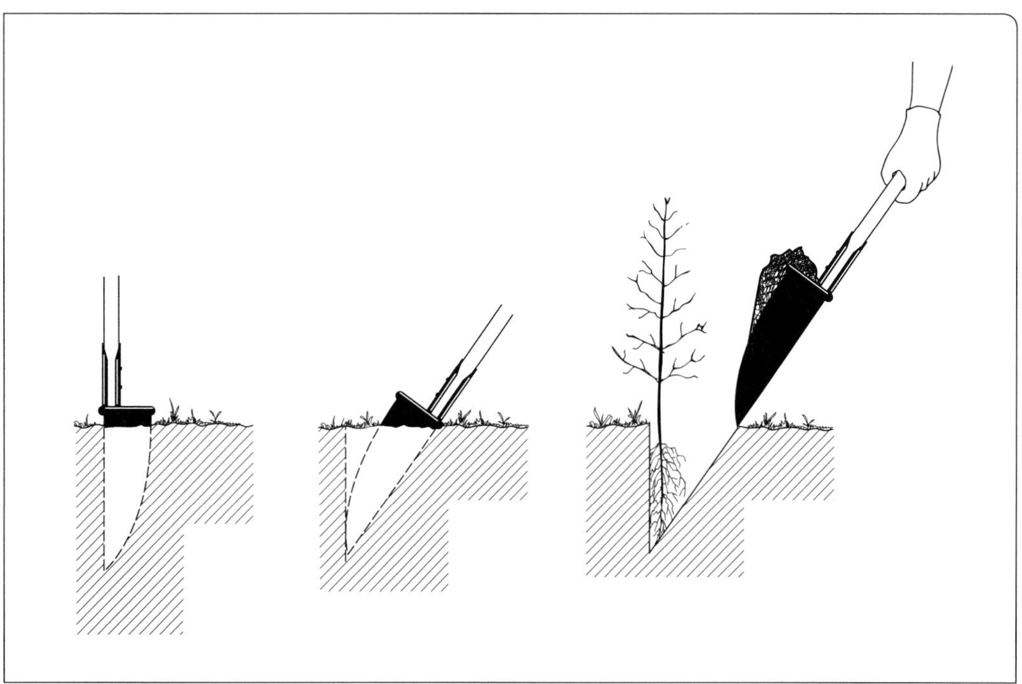

Abb. 12b: Lochpflanzung mit dem Hohlspaten.
Hohlspatenpflanzung mit festem Propf (für Pflanzen mit kleinen Wurzeln).
Stich senkrecht mit Hohlspatenöffnung zum Körper
Fußspitze in die Hohlspatenöffnung stellen und den Spaten herausziehen.
Der zweite Stich ist ein schräg geführter Gegenstich, der sich mit dem ersten etwas überschneidet.
Erdpropf mit dem Spaten bis zum Lochrand herausheben und die Pflanze and die rückwärtige Lochwand drücken.
Propf wieder in die Öffnung zurücksetzen und festtreten.

Variante Hohlspatenpflanzung mit Nachstechen (hier nicht dargestellt)
Den ersten Stich senkrecht mit Hohlspatenöffnung zum Körper
Fußspitze in die Hohlspatenöffnung stellen und Spaten herausziehen.
Der zweite Stich ist ein schräg geführter Gegenstich, der sich mit dem ersten etwas überschneidet.
Erdpropf herausheben, ablegen und zerkleinern.
Pflanzloch mit einigen Stichen vertiefen und verbreitern.
Pflanze mittig ins Loch setzen, lockere Erde rundherum verteilen und andrücken/festklopfen.

8 Düngung

Gemessen an den üblichen (einjährigen) landwirtschaftlichen Kulturen sind Weihnachtsbäume relativ anspruchslos. Trotzdem ist eine gute Versorgung mit Nährstoffen notwendig, um das Wachstum zu fördern und – was bei Weihnachtsbäumen besonders wichtig ist – das vom Verbraucher geforderte Aussehen in Form und Farbe zu gewährleisten. Entscheidend ist nicht nur die Versorgung mit den bekannten Nährstoffen, Stickstoff (N), Phosphat (P_2O_5), Kalium (K_2O) und Kalk (CaO). Ebenso wichtig sind für Weihnachtsbäume die Nährstoffe Magnesium (Mg), Eisen (Fe), Mangan (Mn), Bor (B), Zink (Zn), Kupfer (Cu) und Molibdän (Mo).

Ein Nährstoffmangel zeigt sich bei Weihnachtsbäumen an unterschiedlichen Symptomen:

Stickstoffmangel: Gelbgrüne, fahle Verfärbung der Nadeln, die klein und kurz sind.
Phosphormangel: Rotviolette und graugrüne Verfärbung der Nadeln.
Kalimangel: Anfangs hellgelbe Verfärbung der Spitzen älterer Nadeln, später von den Nadelspitzen ausgehendes Braunwerden, Abfallen der Nadeln, Spitzendürre der Pflanzen.
Magnesiumsmangel: zunächst Goldspitzigkeit, dann gelblichweiße Verfärbung der Nadeln, Nadelverlust bei älteren Nadeljahrgängen.
Manganmangel: Vergilbung der jungen Nadeljahrgänge.
Kalkmangel: Chlorosen (Aufhellungen) und Nekrosen (Absterben von Gewebeteilen), Abfallen der Nadeln, Absterben des Vegetationspunktes (Kronenspitze).
Eisenmangel: Junge Nadeln verfärben sich gleichmäßig gelb.
Kupfermangel: Jüngere Nadeln verdrehen sich spiralig, Triebe hängen oder verbiegen sich nach unten. Nadeln sterben von der Spitze her ab.
Bormangel: Absterben junger Nadeln und des Vegetationspunktes.

Die Grunddüngung mit Phosphat-, Kali-, Magnesium- und in seltenen Fällen Kalkdünger muss bereits vor der Bestandsgründung einsetzen. Um nicht ins Blaue hinein zu wirtschaften und den neueren Bestimmungen der staatlichen Düngeverordnung gerecht zu werden, sollte der Pflanzung eine Bodenuntersuchung vorausgehen, die danach alle zwei bis drei Jahre wiederholt wird. In allen Ländern gibt es dafür staatliche und private Labors (siehe Kasten). Anzustreben ist die Gehaltsklasse C.
Aus den in der Tabelle 5 angegebenen Werten ergibt sich über die Multiplikation der Entzugswerte aus Tabelle 6 die Düngeempfehlung in kg Reinnährstoff je Hektar (siehe Beispiel).

Staatliche landwirtschaftliche Untersuchungsanstalten für Bodenuntersuchungen in den Bundesländern

Bayern
Bayerische Landesanstalt für Landwirtschaft, Abteilung Qualitätssicherung und Untersuchungswesen, Vöttinger Str. 38, 85354 Freising, Telefon 08161/71-5804.
Technische Universität München Zentralinstitut für Ernährung und Lebensmittelforschung (ZIEL), Abt. Bioanalytik Weihenstephan, Alte Akademie 10, 85350 Freising.

Baden-Württemberg
Landwirtschaftliches Technologiezentrum Augustenberg (LTZ), Abt. 2, Neßlerstr. 23-31,76227 Karlsruhe, Telefon 0721/9468-0.
Universität Hohenheim, Landesanstalt für landwirtschaftliche Chemie, Emil-Wolff-Str. 12, 70599 Stuttgart, Telefon 0711/459-22671.

Rheinland-Pfalz
Landwirtschaftliche Untersuchungs- und Forschungsanstalt (LUFA) Speyer, Obere Langgasse 40, 67346 Speyer, Telefon 06232/136-0.

Hessen
Landesbetrieb Hessisches Landeslabor, Abt. 4 Landwirtschaft und Umwelt, Am Versuchsfeld 13, 34128 Kassel, Telefon 0561/9888-0.

Nordrhein-Westfalen
Landwirtschaftliche Untersuchungs- und Forschungsanstalt Nordrhein-Westfalen, Nevinghoff 40, 48147 Münster (Westfalen), Telefon 0251/2376-0.

Niedersachsen
Landwirtschaftliche Untersuchungs- und Forschungsanstalt Nord-West, Standort Oldenburg: Jägerstr. 23 – 27, 26121 Oldenburg, Telefon 0441/801-821.
Standort Hameln: Finkenborner Weg 1 A, 31787 Hameln, Telefon 05151/9871-0.

Mecklenburg-Vorpommern
Landwirtschaftliche Untersuchungs- und Forschungsanstalt der LMS, Graf-Lippe-Str. 1, 18059 Rostock, Telefon 0381/20307-0.

Brandenburg
FBU – Landwirtschaftliche Chemie, Templiner Str. 21,14473 Potsdam, Telefon 0331/2326-240.
Landesamt für Ländliche Entwicklung, Landwirtschaft und Flurneuordnung Abt. 4-Landwirtschaft und Gartenbau, Dorfstraße 1, 14513 Teltow OT Ruhlsdorf.

Sachsen-Anhalt
Landesanstalt für Landwirtschaft, Forsten und Gartenbau Sachsen-Anhalt Abt. 5,-Landwirtschaftliches Untersuchungswesen, Schiepziger Str. 29, 06120 Halle, Telefon 0345/5584-100.

Sachsen
Staatliche Betriebsgesellschaft für Umwelt und Landwirtschaft Geschäftsbereich 6 Labore LUFA, Weinheimer Str. 219,01683 Nossen, Telefon 035242/632-6001.

Thüringen
Thüringer Landesanstalt für Landwirtschaft (TLL) Abt. Untersuchungswesen für Landwirtschaft/LUFA, Naumburgerstr. 98, 07743 Jena, Telefon 03641/683-434.

Tabelle 4 Gehaltsstufen für Phosphat (P2O5) in allen Bodenarten. Angaben in mg (CAL-Methode) je 100 g Boden

Gehaltsstufe	P_2O_5	K_2O leichter Boden	K_2O schwerer Boden	MgO leichter Boden	MgO schwerer Boden	Multiplikationsfaktor für Nährstoffbedarf
A sehr niedrig	< 6	< 5	< 11	< 3	< 6	1,5
B niedrig	6–12	5–9	11–20	3–4	6–10	1,25
C optimal	13–24	**10–15**	**21–30**	**5–9**	**11–15**	**1**
D hoch	25–34	16–25	31–40	10–12	16–25	0,5
E sehr hoch	*>34*	*> 25*	*> 40*	*> 12*	*> 25*	*0*

Quelle: Landwirtschaftliches Technologiezentrum, Augustenberg, Landesanstalt für Landwirtschaftliche Chemie Universität Hohenheim
Teilweise wird das Ergebnis der Bodenuntersuchung auch in mg/kg Boden angegeben (Tab 5).

Tabelle 5 Gehaltsstufen der Bodenuntersuchung in Christbaumkulturen. Angaben in Reinnährstoff und mg/kg Boden

Gehaltsklasse	P mg/kg	K leicht	mg/kg mittelschwer	Mg leicht	mg/kg mittelschwer
A	< 20	< 40	< 80	< 25	< 50
B	20–45	40–80	80–120	25–50	*50–75*
C	**46–90**	**81–170**	**121–200**	**51–75**	**76–120**
D	91–130	171–250	201–300	76–120	*121–200*
E	*> 130*	*> 250*	*> 300*	*> 120*	*> 200*

Quelle: Österreichische Bundesforschungsanstalt für Wald und Landschaft

Die Werte der Tabelle (z. B. P) in mg/kg können über folgende Umrechnungsfaktoren in die deutsche Oxidform (z. B. P_2O_5) in mg/kg Boden umgerechnet werden: $P \times 2{,}291 = P_2O_5$
$K \times 1{,}204 = K_2O$
$Mg \times 1{,}658 = MgO$

Der Kalkgehalt des Bodens zeigt sich im pH-Wert, der bei den Fichtenarten zwischen 4,5 und 5,5, bei den Tannenarten aber zwischen 5,0 und 6,0 liegen soll. Dieser Wert kann außerhalb der umfangreichen Bodenprobe auch einfach über einen Schnelltest ermittelt werden. Vom pH-Wert wird unter anderem die Verfügbarkeit der bei Weihnachtsbäumen wichtigen Spurenelemente beeinflusst. Werte un-

Tabelle 6 Nährstoffentzug von Nordmannstannen unter Berücksichtigung der natürlichen N-Nachlieferung und bei den übrigen Nährstoffen auf Basis der Gehaltsklasse C

Kulturalter (Jahre)	N kg/ha	P_2O_5 kg/ha	K_2O kg/ha	MgO kg/ha	CaO kg/ha
1	5	5	5	0,5	5
2	10	5	10	1,0	10
3	20	10	15	2,0	15
4	30	10	20	3,0	20
5	50	20	30	5,0	30
6	70	20	40	7,0	40
7	80	30	50	8,0	50
8	100	30	60	10,0	60
9	140	50	90	15,0	90
10	150	50	100	20,0	100
10+	175	60	120	25,0	120

Quelle: Österreichische Bundesforschungsanstalt für Wald und Landschaft

ter 4 können giftig wirkende Elemente und das schädliche Aluminium freisetzen. Bei einem überhöhten ph-Wert besteht die Gefahr einer unzureichenden Aufnahme von Eisen und Mangan. Um den pH-Wert um ein Grad anzuheben, ist nach Angaben der Landwirtschaftskammer Nordrhein-Westfalen auf leichten Böden eine Gabe von 2 bis 3 t/ha kohlensaurer Kalk erforderlich. Für mittelschwere und schwere Böden wird für den gleichen Zweck Branntkalk in einer Dosis von 1 bis 2 t/ha empfohlen. Der pH-Wert kann durch sauer wirkende Dünger, zum Beispiel Ammonsulfat, abgesenkt werden.

Beispiel:
Die Bodenuntersuchung ergibt für einen schweren Boden folgende Untersuchungswerte und daraus über den Multiplikationsfaktor die entsprechende Düngeempfehlung:
9 mg P_2O_5/100 g = Gehaltsklasse B, Multiplikationsfaktor 1,25,
Entzug im 5. Jahr 20 kg $P_2O_5 \times 1,25$ = Düngeempfehlung 25 kg P_2O_5/ha
7 mg K_2O/100 g, Entzug im 5. Jahr 30 kg $K_2O \times 1,25$ = Empfehlung 37,5 kg K_2O/ha

Tabelle 7 Richtwerte für Gesamtgehalte in Nadeln (bezogen auf Trockenmasse) bei ausreichender Nährstoffversorgung

Baumart	N	P	K	Ca	Mg	Fe	Mn	Cu	Zn
	g/100 g (%)					mg/kg Trockenmasse			
Nordmann	1,2–1,8	0,13–0,30	0,5–1,0	0,5–1,0	> 0,08	> 30	> 50	> 3	> 20

Quelle: Österreichische Landesanstalt für Wald und Landschaft
(N = Stickstoff, P = Phosphor, K = Kalium, Ca = Kalk, Mg = Magnesium, Fe = Eisen, Mn = Mangan, Cu = Kupfer, Zn = Zink

Nadelproben sollen dem oberen Kronendrittel entstammen. Probennahme in der Vegetationsruhe (Januar, Februar) Probenumfang: Mischprobe aus jeweils 2 Ästen von mindestens 3 Bäumen der gleichen Art. Die Äste sollen 3 Nadeljahrgänge aufweisen.

Um ganz sicher zu gehen, können zusätzlich zur regelmäßigen Bodenprobe Nährstoffanalysen der Fichten- oder Tannennadeln genaue Aufschlüsse über den Nährstoffbedarf geben (s. Tab. 7). Besonders wichtig sind solche Nadelproben bei sichtbaren Mangelerscheinungen.

In älteren Nadeln wird der Sollwert teilweise nicht mehr erreicht, weil sich die Nährstoffe in jüngere Nadeljahrgänge verlagern. Dies gilt vor allem für Stickstoff, Phosphor und Kalium. Diese Verlagerung kann zu einem die Qualität mindernden Nadelfall führen. Schwer bewegliche Elemente wie Magnesium, Kalzium, Kupfer, Bor, Zink, Mangan und Eisen reichern sich dagegen eher in älteren Nadeljahrgängen an.

Motor des Pflanzenwachstums ist bekanntlich der Stickstoff. Er bestimmt bei Weihnachtsbäumen neben dem Wachstum auch die Nadelfarbe. Voraussetzung ist aber, dass der Stickstoff im richtigen Verhältnis zu den anderen Nährstoffen, das heißt bei Weihnachtsbäumen besonders zu Kalium und Magnesium sowie Schwefel und den Spurennährstoffen Eisen, Mangan, Kupfer und Bor steht.

Untersuchungen in Wolbeck haben gezeigt, dass Weihnachtsbaumanlagen häufig mit Stickstoff überdüngt und mit Phosphor, Kalium, Magnesium und den Mikronährstoffen Kupfer, Bor und Mangan unterversorgt sind. Aufgrund dieser Ungleichgewichte zeigen die Bäume eine verminderte Vitalität und Qualität, die unter anderem an der schlechteren Haltbarkeit der Nadeln sowie einer höheren Anfälligkeit gegenüber Krankheiten und Schädlingen erkennbar ist. Die Höhe der Stickstoffgabe richtet sich wie bei den anderen Nährstoffen nach dem Bodenvorrat, dem Entzug durch die Pflanzen und einem Aufschlag für die vor allem bei Stickstoff unumgängliche Auswaschung. Der Entzug durch die frisch gepflanzten Weihnachtsbäume ist in den ersten vier Jahren relativ gering, steigt aber danach, wie die Tabelle 6 zeigt, deutlich an.

Bei Stickstoff kann die jährliche Auswaschung bei geringer Bodendurchwurzelung bis zum 3. Standjahr und abhängig von den Niederschlägen 20 bis 40 kg N/ha betragen.

Der Bodenvorrat liegt in der Regel zwischen 20 bis 65 kg N/ha. Davon ist der mögliche Verlust durch Auswaschung abzuziehen und dann der Entzug durch die Weihnachtsbäume anzurechnen. Der zu Beginn der Wachstumsperiode vorhandene Stickstoff kann auch durch eine Bodenprobe nach dem N_{min}-Verfahren ermittelt werden, das bei den klassischen landwirtschaftlichen Kulturen häufig angewandt wird, aber bei Weihnachtsbäumen selten zur Anwendung kommt. Dort verlassen sich die Anbauer in der Regel auf bekannte Richtwerte. Von niedrigen Bodengehalten ist bei humusarmen Böden, niederen Bodentemperaturen im Frühjahr und Frühsommer, einer trocken-kühlen Witterung und einer schwachen oder unterbliebenen Bodenbearbeitung auszugehen. Dann empfiehlt sich eine übliche, am Entzug ausgerichtete Stickstoffdüngung. Reduziert werden kann die Düngergabe bei hohem Humusgehalt, beispielsweise nach Wiesenumbruch, feucht-warmer Witterung und bei einer Humusdecke durch Gras- oder Unkrautmulch. Auf gut versorgten Böden kann sich in den ersten drei Standjahren eine Stickstoffdüngung erübrigen. Danach ist bis zum 5. Jahr eine jährliche Stickstoffgabe von 30 bis 40 kg N/ha angebracht. Ab dem 6. bis zum 10. Jahr werden steigende Gaben von 50 bis 150 kg/ha empfohlen.

Für die Düngung können Einzel- und Mehrnährstoffdünger verwendet werden. Meist verwendeter N-Einzeldünger ist Kalkammonsalpeter mit 26 bis 28 % N, der eine rasch wirksame und eine nachhaltige Komponente besitzt. Ammonsulfatsalpeter mit 21 % N wirkt sauer und kann einen überhöhten Kalkgehalt des Bodens mindern. Kalkstickstoff mit 21 % N wirkt umgekehrt. Als Phosphor-Einzeldünger kommen Superphosphat mit 18 % P_2O_5, Hyperphosphat mit 30 % P_2O_5 und Triplephosphat mit 50 % P_2O_5 in Frage. Als Kalidünger sollte für Weihnachtsbäume des Schwefelgehaltes wegen schwefelsaures Kali mit 50 % K_2O zur Anwendung kommen. Magnesiumdünger sind Bittersalz mit 16 % MgO und Kieserit mit 25 bis 27 % MgO. Die Verbindung von Kali und Magnesium findet sich in Patentkali mit 30 % K_2O und ebenso viel MgO sowie in Forst-Kieserit mit 10 % K_2O und 20 % MgO. Gebräuchliche Kalkdünger sind kohlensaurer Kalk mit 42 bis 53 % CaO und Branntkalk mit 65 bis 95 % CaO. Die Einzeldünger ermöglichen dem Könner eine gezielte Kulturführung. Sie erhöhen allerdings den Arbeitsaufwand und bei einer weniger gezielten Anwendung unter Umständen auch die Fehlerquote.

Einfacher zu handhaben und speziell auf die Ansprüche der Weihnachtsbäume zugeschnitten sind Mehrnährstoffdünger. Bekannte Produkte sind ENTEC, Nitrophoska, YaraMila, Basacote, Blaukorn, NovaTec, Oscorna und Kenica. Sie enthalten beispielsweise 12 % Stickstoff, 5 % Phosphat, 17 % Kalium, 5 % Magnesium und teilweise auch Spurennährstoffe wie Eisen, Kupfer, Mangan und Zink. Bei einigen Mehrnährstoffdüngern (z. B. ENTEC) liegt der Stickstoff in stabilisierter Form vor, das heißt, dass die Wirksamkeit hinausgezögert und damit die Wirkungsdauer verlängert und die Auswaschungsgefahr verringert wird.

Als Standardempfehlung für Nordmannstannen wird bis zum 5. Standjahr eine Gabe von 3 bis 5 dt/ha eines Mehrnährstoffdüngers mit 12 % N, 5–12 % P_2O_5, 16 bis 17 % K_2O und 5 bis 8 % MgO genannt. Ab dem 6. Standjahr sollten es dann 5 bis 7 dt sein.

Die speziellen Düngersorten für Weihnachtsbäume gibt es beim Landhandel oder den Baumschulen.

Die Düngetermine richten sich nach der Art der verwendeten Dünger und nach dem Pflanzenbedarf. Bei Einzeldüngern können die Grundnährstoffe Phosphat und Kali weitgehend unabhängig vom Wachstumsprozess im zeitigen Frühjahr ausgebracht werden. Die Stickstoffgabe muss sich nach dem akuten Pflanzenbedarf richten. Den größten Stickstoffbedarf haben Weihnachtsbäume beim Austrieb im Mai beziehungsweise Anfang Juni sowie im Juli und August. Deshalb wird eine Zweiteilung empfohlen. Zwei Drittel Ende April, Anfang Mai und ein Drittel Ende Juni, Anfang Juli. Die gleichen Termine gelten auch für die Mehrnährstoffdünger.

Damit die Nährstoffe möglichst direkt den Bäumen zugute kommen, empfiehlt sich die Band- oder Punktdüngung. Die Tabelle 8 nennt den Stickstoffbedarf an Reinnährstoff und als Kalkammonsalpeter (KAS). Die Ausbringung kann bei kleinen Flächen noch von Hand erfolgen. Für größere Anlagen gibt es geeignete Zusatzkomponenten für Bodenbearbeitungs- und Pflanzenschutzgeräte.

Tabelle 8 Einzelpflanzendüngung mit Stickstoff

Jahr	kg N/ha	Bäume/ha	g N/Baum	g KAS/Baum
1–3	--	8000	--	--
4	30	8000	4	15
5	50	8000	6	22
6	70	7000	10	37
7	80	6000	13	48
8	100	4000	25	93
9	140	3000	47	174
10	150	2000	75	278
10+	175	2000	88	324

Quelle: Österreichische Bundesforschungsanstalt für Wald und Landschaft

Abb. 13. Blasgerät für die Ausbringung von Dünger und Pflanzenschutzmittel.

Abb. 14. Portaltraktor, mit dem die Reihen überfahren werden können. Der Einsatz erfolgt hauptsächlich für Düngung und Pflanzenschutz mit abgeschirmten Spritzdüsen.

Abb. 15. Einachstraktor mit angehängtem Kombigerät für Pflanzenschutz unter Schirm und Düngung.

Praxistipp
für die Düngung von Hand: Wiegen Sie die Düngermenge pro Pflanze ab und nehmen Sie diese Menge in die Hand, um ein gültiges Maß zu erhalten.

Weil vor allem stickstoffhaltige Düngemittel eine Salzwirkung haben, können sie bei nassen Beständen und hohen Konzentrationen zu Verbrennungen an den Nadeln führen.

Außer den festen Ein- oder Mehrnährstoffdüngern gibt es flüssige Blattdünger, die oft zusammen mit einer Schädlings- oder Unkrautbekämpfung ausgebracht werden können. Diese Blattdünger enthalten zusätzlich zu Stickstoff Kalium, Magnesium und Schwefel sowie die Spurennährstoffe Eisen, Mangan, Molibdän und teilweise Zink. Über das Blatt werden viele Nährstoffe schneller aufgenommen und auch wesentlich besser ausgenutzt als bei der üblichen Bodendüngung. Mit der Blattdüngung können fehlende Nährstoffe kurzfristig und im richtigen Wachstumsabschnitt sofort pflanzenverfügbar verabreicht werden. Nach Versuchen des Pflanzenschutzdienstes in Schleswig Holstein ist es entgegen der Werbung allerdings nicht möglich, mit diesen Blattdüngern Mangelzustände kurzfristig zu beheben.

9 Pflanzenschutz

9.1 Unkrautbekämpfung: Der Weihnachtsbaum muss gewinnen!

Weihnachtsbäume wachsen als mehrjährige Pflanzen langsamer als die einjährigen Unkräuter und Ungräser. Deshalb haben sie es vor allem in ihrer Jugend sehr schwer, sich gegen diese Konkurrenz zu behaupten. Die Unkraut- und Ungrasbekämpfung ist gerade in den ersten Standjahren einer Weihnachtsbaumkultur äußerst wichtig. Sie kann chemisch mit Herbiziden (siehe Empfehlungen Seite 61, 62 und 63) oder mechanisch erfolgen. Für die mechanische Bekämpfung kommen Hackgeräte, handgeführte Motormäher, Freischneider, Mäh- und Mulchgeräte an den Einachs- oder Schmalspurschleppern und den speziellen Portaltraktoren sowie in kleineren Kulturen auch die Handsense infrage. Manche Produzenten halten in ihren Kulturen eine spezielle Schafrasse (s. Seite 67), die den Unkraut- und Ungrasbewuchs niedrig hält, aber nicht an die Bäume geht.

Obwohl die chemische Unkraut- und Ungrasbekämpfung wegen ihrer in aller Regel guten Wirkungsweise und der durch die Arbeitsersparnis hohen Wirtschaftlichkeit ganz im Vordergrund steht, haben mechanische Verfahren entweder als ausschließliche oder zusätzliche Bekämpfung ihre Berechtigung. Sie nehmen teilweise sogar wieder zu. Entweder, weil die Betreiber der Kulturen langfristig Schäden durch die chemische Bekämpfung befürchten, weil bisher eingesetzte Herbizide nicht mehr zugelassen sind oder weil sie dem Wunsch der Verbraucher nach chemiefreier Produktion nachkommen wollen. Dieses Bestreben ist beim Direktverkauf von Weihnachtsbäumen zu beobachten. Der Chemieeinsatz wird bewusst auch dort eingeschränkt, wo die Weihnachtsbaumkulturen durch vorbeiführende Spazier-, Wander- oder Radwege häufig von Passanten besichtigt werden können. Auch dort, wo der Gras- oder Unkrautwuchs bewusst als Begrünung stehen bleibt, sind Mäh- oder Mulchgeräte das bevorzugte Verfahren.

Für die ausschließlich mechanische Unkrautbekämpfung, die im ökologischen Landbau als einzige Alternative in Frage kommt, gibt es eine Reihe von Spezialgeräten, die vor allem für Baumschulen entwickelt wurden. Es handelt sich dabei um die bekannten Hackgeräte für den Traktorenanbau, spezielle Konstruktionen mit rotierenden Hacksternen beziehungsweise angetriebenen Bürsten oder um Reihenfräsen. Um bei der chemiefreien Wirtschaftsweise die Unkrautbekämpfung zu erleichtern, besteht auch die allerdings sehr teure Möglichkeit, den Bewuchs in den Reihen durch Mulchfolien oder die Bedeckung mit Hackschnitzeln zu unterdrücken.

Für die chemische Bekämpfung von Unkräutern und Ungras kommen eine ganze Reihe von Herbiziden in Frage, die oft auch in Kombination als so genannte Tankmischung angewendet werden. Manche Anbauer haben dazu ihr eigenes aus langjähriger Erfahrung heraus entwickeltes Rezept, das sie nicht gerne preisgeben. Im Mittelpunkt steht oft das Totalherbizid Roundup. Vor Nachahmung wird gewarnt. All zu leicht kann es durch ein falsches Mischungsverhältnis oder

Abb. 16. Starker Unkrautdruck in einer zweijährigen Anlage, hauptsächlich mit Weidenröschen.

Abb. 17. Sauber gehaltene Anlage mit Nordmannstannen.

Tabelle 9 Bodenherbizide für Weihnachtsbaum- und Schnittgrünkulturen 2014 (Quelle: Kurt Lange, Landwirtschaftskammer Schleswig-Holstein)

Herbizid Wirkstoff	Zulassungsende Monat.Jahr	Aufwand- menge/ha	Bemerkungen
Zugelassene Bodenherbizide			
Flexidor *Isoxaben*	12.2021	1,0 l	Nur gegen auflaufende Unkräuter, keine Gräserwirkung. Auch nach Austrieb überkopf verträglich. Nicht auf dränierten Flächen.
Kerb FLO *Propyzamid*	12.2017	bis 6,25 l	Gegen auflaufende und z. T. vorhandene Unkräuter und Ungräser. Optimaler Anwendungszeitraum von November bis Februar.
Vorox F *Flumioxazin*	12.2016	bis 600 g	Gegen auflaufende Unkräuter und Ungräser. Nicht auf dränierten Flächen.
Bodenherbizide mit erteilter Genehmigung nach § 18a Pflanzenschutzgesetz (PflSchG) bzw. Zulassungserweiterung nach Artikel 51 VO (EG) 1107/2009			
Boxer *Prosulfocarb*	09.2014	5,0 l	Gegen auflaufende Unkräuter und Ungräser.
Butisan *Metazachlor*	11.2014	1,5 l	Gegen auflaufende Unkräuter und Ungräser. Nicht in Pinus-Arten einsetzen! Auf dränierten Flächen nicht zwischen 01. November und 15. März! Max. 1,0 kg/ha Wirkstoff innerhalb von 3 Jahren.
Fenikan *Isoproturon +* *Diflufenican*	12.2014	bis 3,0 l	Gegen auflaufende Unkräuter und Ungräser. Nicht in Abies-Arten einsetzen! Nicht auf dränierten Flächen.
Katana, Chikara *Flazasulfuron*	12.2016	bis 0,2 kg	Gegen auflaufende Unkräuter und Ungräser, Wirkungslücke Schwarzer Nachtschatten. Nicht auf dränierten Flächen.
MaisTer flüssig *Iodosulfuron +* *Foramsulfuron*	12.2017	1,5 l	Gegen auflaufende und bereits aufgelaufene Unkräuter und Ungräser.
Spectrum *Dimethenamid-P*	12.2014	1,2 l	Gegen auflaufende Unkräuter, Hirsen- und Rispengräser. Mischungspartner zu anderen Bodenherbiziden.
Stomp Aqua *Pendimethalin*	12.2017	3,5 l	Gegen auflaufende Unkräuter und Ungräser.
Terano *Metosulam +* *Flufenacet*	12.2014	1,0 kg	Gegen auflaufende Unkräuter und Ungräser. Nicht in Picea-Arten einsetzen! Produktion eingestellt, nicht mehr im Handel.
Herbizid **Wirkstoff**	**Zulassungsende** **Monat.Jahr**	**Aufwand-** **menge/ha**	**Bemerkungen**
Bodenherbizide deren Anwendung genehmigungsfähig ist nach § 22(2) PflSchG			
Arelon TOP *Isoproturon*	12.2014	2,0 l	Gegen auflaufende Unkräuter und Ungräser. Nicht in Abies-Arten einsetzen! Keine Anwendung auf dränierten Flächen zwischen 01. Juni und 01. März.
Sencor WG *Metribuzin*	12.2016	0,75 kg	Gegen auflaufende Unkräuter und Ungräser.
Tacco *Metosulam*	12.2017	0,3 l	Boden- und Blattwirkung. Gegen vorhandene Unkräuter nur in frühen Entwicklungsstadien. Keine Anwendung auf dränierten Flächen.

§ 18 a = Bundesweite Genehmigung zur Anwendung in Gehölzkulturen erteilt durch das BVL.
Seit dem 14.02.2012 ersetzt durch Zulassungserweiterung nach Artikel 51 der Verordnung (EG) Nr. 1107/2009.
§ 22(2) und § 18 b = Genehmigung für den Einzelbetrieb durch die örtlich zuständige Pflanzenschutzbehörde ist erforderlich.
Die Anwendung von Pflanzenschutzmitteln deren Anwendung nach § 18a oder § 18b, bzw. ab 14.02.2012 nach § 22(2) des Pflanzenschutzgesetzes genehmigt oder nach Artikel 51 VO (EU) erweitert zugelassen wurde, erfolgt hinsichtlich Wirkung und Verträglichkeit in Verantwortung des Anwenders.

Tabelle 10 Blattherbizide für Weihnachtsbaum- und Schnittgrünkulturen 2014 (Quelle: Kurt Lange, Landwirtschaftskammer Schleswig-Holstein)

Herbizid	Zulassungsende Monat.Jahr	Aufwand-menge/ha	Bemerkungen
Zugelassene Blattherbizide.			
BASTA *Glufosinat*	12.2015	bis 3,75 l	Gegen vorhandene Unkräuter und Ungräser, Ackerschachtelhalm. Nur mit Spritzschirm.
Finalsan *Pelargonsäure*	12.2014	166 l	Gegen aufgelaufene Unkräuter, Zwischen-reihenbehandlung. Gegen Algen auf ausgereiften Nadeln 2-2,5 %.
Fusilade MAX *Fluazifop-P*	12.2022	2,0 l	Gegen vorhandene Ungräser einschl. Quecke, ausgenommen Rispengräser.
Gallant Super *Haloxyfop-R*	12.2022	1,0 l	Gegen vorhandene Ungräser einschl. Quecke und Einjährige Rispe. Nur alle 2 Jahre/Fläche.
Glyfos u. a. Glyphosate *Glyphosat*	12.2016	1,0–5,0 l	Gegen vorhandene Unkräuter und Ungräser, Wurzelunkräuter und Quecke, nicht geg. Ackerschachtelhalm.
Lontrel 100 *Clopyralid*	12.2014	1,2 l	Gegen vorhandene Problemunkräuter wie Ackerkratzdistel, Kanadisches Berufkraut, Gemeines Kreuzkraut, Kamille, Wicken-Arten sowie Ginster.
Lontrel 720 SG *Clopyralid*	12.2021	125 g	Gegen vorhandene Problemunkräuter wie Ackerkratzdistel, Kanadisches Berufkraut, Gemeines Kreuzkraut Kamille, Wicken-Arten sowie Ginster.
Roundup UltraMax *Glyphosat*	12.2014	bis 4,0 l	Gegen vorhandene Unkräuter und Ungräser, Wurzelunkräuter und Quecke, Acker-schachtelhalm. Regenstabil nach ca. 1 Std.
Blattherbizide mit erteilter Genehmigung nach § 18a Pflanzenschutzgesetz (PflSchG) bzw. Zulassungserweiterung nach Artikel 51 VO (EG) 1107/2009			
Aramo *Tepraloxydim*	12.2015	2,0 l	Gegen vorhandene Ungräser einschl. Quecke und Einjährige Rispe.
Focus Ultra *Cycloxydim*	01.2014	2,5–5,0 l	Gegen vorhandene Ungräser einschl. Quecke, ausgenommen Einjährige Rispe.
Hoestar Super *Amidosulfuron + Iodosulfuron*	12.2016	100–200 g	Gegen vorhandene Problemunkräuter. Mischungspartner zu Bodenherbiziden im Frühjahr.
Panarex *Quizalofop-P*	12.2018	1,25 l – 2,25 l	Gegen vorhandene Ungräser einschl. Quecke, ausgenommen Einjährige Rispe.
Select 240 EC *Clethodim*	12.2014	0,5 l–1,0 l	Gegen vorhandene Ungräser einschl. Quecke und Einjährige Rispe.
U 46 M-Fluid *MCPA*	12.2014	1,5–2,0 l	Wuchsstoffherbizid gegen vorhandene Problemunkräuter, Ackerschachtelhalm. Nicht gegen Gräser
Blattherbizide deren Anwendung genehmigungsfähig ist nach § 22(2) PflSchG			
Biathlon *Tritosulfuron*	12.2018	70 g	Gegen vorhandene Unkräuter in frühen Entwicklungsstadien als Mischungspartner.
Garlon 4 *Triclopyr*	12.2014	1,0–3,0 l bzw. 0,5 %	Gegen vorhandene Problemunkräuter und unerwünschten Gehölz-aufwuchs. Horstbehandlungen, z. B. Große Brennnessel 0,5 %
Harmony SX *Thifensulfuron*	12.2016	45 g	Gegen vorhandene Problemunkräuter. Mischungspartner zu Bodenherbiziden im Frühjahr.

Herbizid	Zulassungsende Monat.Jahr	Aufwand-menge/ha	Bemerkungen
Laudis *Tembotrione*	05.2014	2,25 l	Gegen vorhandene Unkräuter und Ungräser, ausgenommen Einjährige Rispe, in frühen Entwicklungsstadien. Zusätzlich gute Bodenwirkung, guter Mischungspartner zu Bodenherbiziden im Frühjahr.
Lentagran WP *Pyridate*	07.2014	1,5–2,0 kg	Gegen vorhandene Unkräuter in frühen Entwicklungsstadien, einschließlich Weidenröschen-Arten. Mischungspartner zu Bodenherbiziden im Frühjahr.
Pointer SX *Tribenuron*	12.2016	30–60 g	Gegen vorhandene Unkräuter, Kamille, Acker- stiefmütterchen, Weidenröschen. Mischungs-partner zu Bodenherbiziden im Frühjahr.
Starane Ranger *Triclopyr + Fluroxypyr*	12.2015	3,0 l	Gegen vorhandene Problemunkräuter, insbesondere Winden-Arten, Schwarzer Nachtschatten. Im Zwischenreihenverfahren.
Targa Super *Quizalofop-P*	12.2016	1,25 l – 2,0 l	Gegen vorhandene Ungräser einschl. Quecke, ausgenommen Einjährige Rispe.
Tomigan 180 *Fluroxypyr*	12.2020	1,0 l	Gegen vorhandene Problemunkräuter, insbesondere Winden-Arten. Im Zwischenreihenverfahren.
U 46 D-Fluid *2,4 D*	12.2014	2,0 l	Wuchsstoffherbizid gegen vorhandene Problemunkräuter. Nicht gegen Gräser.

falsche Dosierung zu Herbizidschäden an den Kulturen kommen. Nicht selten wurden durch solche Abenteuer ganze Kulturen vernichtet.

Im zeitigen Frühjahr, vor dem Auflaufen von Unkräutern und Ungräsern und vor dem Austrieb der Weihnachtsbäume kommen Bodenherbizide zum Einsatz. Gegen eine bereits vorhandene Verunkrautung können während der Vegetation, teilweise aber nur nach dem Abschluss der Triebentwicklung ab Juli, Nachauflaufherbizide eingesetzt werden. Genaue Angaben sind der Empfehlungsliste des Pflanzenschutzdienstes zu entnehmen(s. Tab. 9, 10). Die Einsatzmöglichkeiten bisher bewährter und preisgünstiger Herbizide wurden durch ausgelaufene oder entzogene Zulassungen eingeschränkt. Auf Antrag können die Pflanzenschutzdienste der Regierungspräsidien die Zulassungsbeschränkung aufheben. In manchen Regionen reichen die Arbeitskreise der Weihnachtsbaumerzeuger für ihre Mitglieder Sammelanträge ein.

Die Spritzungen erfolgen in den meisten Fällen über Kopf, das heißt über die Weihnachtsbäume hinweg. Das ist im Jugendwachstum, bis die Bäume etwa einen Meter hoch sind, mit der normalen Feldspritze am Ackerschlepper möglich. Später kann die Überkopfspritzung von den Fahrgassen aus mit hoch am Ackerschlepper angebauten Feldspritzen oder mit Sprühkanonen erfolgen. Allerdings ist zu beachten, dass die Sprühkanonen die Spritzmittel sehr ungenau dosieren, was bei der Unkrautbekämpfung kritisch sein kann. Für die Behandlung in den Reihen gibt es wieder die handgeführten Einachs-

Farbtafel 1
Oben links: Nordmannstanne (*Abies nordmanniana*).

Oben rechts: Sehr schön gewachsenen Nordmannstanne, die sich gut für ein großes Treppenhaus, ein öffentliches oder ein repräsentatives Firmengebäude eignet.

Unten links: Frasertanne (*Abies fraseri*). Foto: Maurer.

Unten rechts: Blaufichte (*Picea pungens Glauca*).

traktoren, speziell ausgerüstete Schmalspurschlepper oder die vielseitig einsetzbaren Portaltraktoren. Als einfaches, aber arbeitsaufwändiges Verfahren kommt in den höher gewachsenen Kulturen auch die Rückenspritze infrage.

Besonders vor dem Austrieb und nach Abschluss der Triebentwicklung sind Weihnachtsbäume recht unempfindlich gegen Herbizide, weshalb zu diesem Zeitpunkt die Überkopfanwendung möglich ist. Trotzdem und besonders längerfristig kann es nach Meinung von Professor Matschke zu negativen Auswirkungen auf das Wachstum und das Aussehen der Weihnachtsbäume kommen. Er lehnt deshalb das Überkopfverfahren weitgehend ab. Anderer Ansicht ist Diplomingenieur Kurt Lange vom schleswig-holsteinischen Pflanzenschutzdienst, der sich schwerpunktmäßig mit Weihnachtsbäumen beschäftigt. Seine Aussage: „Es kommt immer auf das Mittel, den Zeitpunkt, auf die Dosierung und auf das zu bekämpfende Unkraut an. Wer hier keine Fehler macht, richtet über Kopf auch langfristig keine Schäden an."

Die Praxis zeigt, dass Fehler wie eine falsche Mittelwahl, eine falsche Dosierung, der falsche Zeitpunkt und Mängel der Ausbringtechnik gravierende Folgen bis zum Totalverlust einer Anlage nach sich ziehen können. Wer ganz sicher gehen will, aber auf die chemische Spritzung nicht verzichten möchte, muss die Spritzdüsen so abschirmen, dass die Weihnachtsbäume nicht vom Spritznebel getroffen werden. Dies ist bei handgeführten Spritzen relativ einfach. Bei anderen Geräten ist ein nicht unerheblicher technischer Aufwand erforderlich (s. Abb. 14, 15, 18, 19, 20, 21). Um den Aufwand an Herbiziden zu verringern, kann sich die Anwendung über abgeschirmte Spritzdüsen lediglich auf die Baumreihen beschränken. Die Gasse zwischen den Reihen wird dann gehackt, gemulcht oder gemäht. Wenn die Weihnachtsbäume ab dem vierten bis fünften Standjahr so hoch gewachsen sind, dass sie über das Unkraut und Ungras hinauswachsen, kann auf eine totale Beseitigung verzichtet werden. Es kann dann ausreichen, besonders hoch wachsende Unkräuter und Ungräser zu beseitigen. Zu beachten ist allerdings, dass Blaufichten bei starkem Unkrautwuchs leicht von unten her kahl werden.

Viele professionell betriebene Weihnachtsbaumkulturen werden über die ganze Standzeit hinweg unkrautfrei (schwarz) gehalten. Dahinter steht die Befürchtung, dass Ungräser und Unkräuter den Weihnachtsbäumen Nährstoffe und Wasser wegnehmen. Ganz besonders gilt dies für niederschlagsärmere Gebiete und flachgründige Böden. Als Kompromiss empfiehlt ein erfahrener Anbauer, die Anlagen in den ersten drei Jahren schwarz (unkrautfrei) zu halten und danach als Begrünung eine Gräsermischung mit Rotschwingel einzusäen, die dann gemulcht wird. Viele Versuche und Erfahrungen haben gezeigt, dass „schwarz" gehaltene Anlagen gegenüber begrünten einen Vor-

sprung in Wachstum und Qualität haben. In spätfrostgefährdeten Lagen kommt hinzu, dass in schwarz gehaltenen Anlagen die Temperatur um bis zu 2 °C höher bleibt. Ein weiteres Argument für die fortgesetzte, möglichst totale Unkraut- und Ungrasbeseitigung ist die Tatsache, dass manche Unkräuter Zwischenwirte für bestimmte an

Farbtafel 2
Oben links: Coloradotanne (*Abies concolor*) zwischen Nordmannstannen (links) und Gemeinen Fichten (rechts).

Oben rechts: Koreatanne (*Abies koreana*).
Unten links: Pazifische Edeltanne (*Abies procera, A. nobilis*).

Mitte links: Serbische Fichte (*Picea omorica*).

Unten rechts: König-Boris-Tanne (*Abies borisii-regis*). Foto: Herzog .

Abb. 18. Dreireihiger Portaltraktor mit Düngerstreuer für die Reihendüngung und abgeschirmten Spritzdüsen. Werkfoto: Jutek.

Abb. 19. Kleinraupe, die auch in steilem Gelände eingesetzt werden kann mit zweireihiger, Reihen übergreifender Spritzeinrichtung. Werkfoto: Niko.

Abb. 20. Dreirädriger Selbstfahrer für Spritzung unter Schirm vorn und Reihendüngung hinten. Werkfoto: Jutek.

Abb. 21. Einachstraktor mit vorgebauter Spritzeinrichtung unter Schirm. Werkfoto: Jutek.

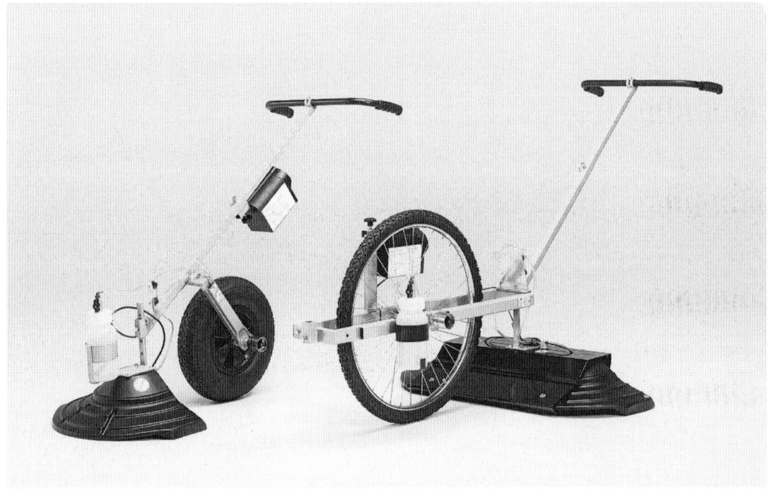

Abb. 22. Handgeführte Spritzgeräte. Pumpe mit Batterieantrieb. Foto: Heidegesellschaft.

Tannen und Fichten vorkommende Pilzkrankheiten sein können. Mit Sicherheit trifft dies für das in Weihnachtsbaumkulturen häufig anzutreffende Schmalblättrige Weidenröschen zu.

Eine Spezialität ist die bereits erwähnte Beweidung der eingezäunten Kultur mit einer besonderen Schafrasse. Bei diesen aus Mittelengland stammenden und verstärkt in Dänemark eingesetzten Shropshire-Schafen handelt es sich um eine alte Fleischrasse. Die Tiere nehmen nur solches Futter an, das eine Verdaulichkeit von mehr als 40 % hat, was für Weihnachtsbäume und deren Nadeln nicht gilt. Die Prägung auf dieses Futter erhalten die Lämmer von ihrer Mutter oder älteren „Führungsschafen". Aus diesem Grund müssen die Lämmer immer zusammen mit der Mutter in eine Weihnachtsbaumkultur gebracht werden.

Die Schafe fressen bevorzugt Kräuter und Kleearten (mit Ausnahme von Weißklee), sowie Korbblütler, Klettenlabkraut, das Schmalblättrige Weidenröschen, Weißer Gänsefuß, Wicke und auch einige Gräser, so lange sie nicht zu hart sind. Auch Laubgehölze nehmen die Schafe an. Verschmäht werden die Ackerkratzdistel und die Große Brennnessel. Als „Zeigerpflanze" für das Ende das Schafeinsatzes gilt nach der Aussage eines erfahrenen bayerischen Praktikers der Ampfer: „Wenn der gefressen wird, dann gehen die Schafe auch bald an die Bäume." Eine Zufütterung lehnt er grundsätzlich ab. Vielmehr musse in einem solchen Fall die Herde aus der Kultur genommen werden. Als Bestandsdichte werden fünf bis sechs Schafe pro Hektar ge-

Abb. 23. Zur Schonung der Wasservorräte unkrautfrei gehaltene Anlage im Münsterland.

nannt. Sie sollen erst in die Kultur kommen, wenn die neuen Triebe der Weihnachtsbäume bereits etwas fester sind, damit sie nicht schon beim Durchstreifen diese Triebe abknicken oder verkrümmen.

Als Zeitraum wird Ende Mai genannt. Abtrieb ist Ende Oktober bis Anfang November. An die Unkrautbeseitigung durch Shropshire-Schafe dürfen keine übertriebenen Erwartungen geknüpft werden. Sie halten die Unkräuter und Ungräser keineswegs vollständig nieder. Ein bestimmter Durchwuchs ist bei den von den Tieren weniger angenommenen Unkräutern nicht zu vermeiden.

Auch der Aufwand ist nicht unerheblich. Die Schafe müssen über Winter durchgefüttert und im Stall gehalten werden. In den Kulturen brauchen sie Mineral-Lecksteine und in Trockenzeiten Trinkwasser. Für die Gesundheitsvorsorge sind sie laufend zu überwachen. Vor allem muss etwas gegen den möglichen Wurmbefall und das Auftreten von Maden getan werden, die sich gerne in offenen Wunden ansiedeln. Auch die Anschaffung ist nicht billig. Mutterschafe kosten rund 200 und Böcke 300 €. Dem stehen Einnahmen aus dem Verkauf von Schlachtlämmern, die Einsparung von Spritz- oder Mähkosten und eventuell Einsparungen bei der Mineraldüngung gegenüber.

In der Schweiz setzen Weihnachtsbaumproduzenten sogar Schweine als lebende Rasenmäher ein. Es handelt sich dabei um die Rasse Ungarisches Wollschwein. Diese robusten, dicht beharrten Schweine eignen sich gut für die extensive Haltung. Sie geben sich mit einem zugfreien, mit Stroh ausgelegten Unterstand zufrieden. Allerdings sollte ihnen für ihr Wohlbefinden eine Suhle zur Verfügung stehen. Für die Einzäunung genügt ein Elektrozaun. Die Wollschweine halten Schweizer Meldungen zufolge den Gras- und Unkrautwuchs niedrig ohne dabei die Weihnachtsbäume zu beschädigen. Um größere Wühlschäden zu vermeiden sollen ihnen allerdings vor dem Verbringen in die Kultur Nasenringe eingezogen werden. Über eine eventuelle Zufütterung ist nichts bekannt.

9.2 Schädlinge und Krankheiten

Weihnachtsbäume werden auch von Schädlingen und Krankheiten bedroht. Sie können bei unterlassener oder zu später Bekämpfung den Erfolg sehr schnell erheblich schmälern oder ganz zunichte machen. Auch hier gilt dasselbe, wie bei anderen landwirtschaftlichen oder gärtnerischen Kulturen: Rechtzeitiges Erkennen ist die halbe Bekämpfung und Vorbeugen ist besser als Heilen. Der erfolgreiche Weihnachtsbaumproduzent kontrolliert seine Kulturen vom Frühjahr bis zum Herbst in regelmäßigen Abständen. Vor allem bis zur abgeschlossenen Triebbildung bis Ende Juli sollte dies sogar alle paar Tage erfolgen. Die Kontrolle ist umso einfacher und die Verhinderung von Krankheiten von vorn herein umso besser, wenn die übrige Kulturpflege, das heißt vor allem die Unkrautbekämpfung und die Beseitigung kranker oder mit Sicherheit nicht mehr verkaufsfähiger Bäume, rechtzeitig und gründlich erfolgt, damit die Bestände gut durchgelüftet werden und nach Regentagen rasch abtrocknen.

9.2.1 Blattläuse

Lachnidien: Die in Tannen- und Fichtenwäldern üblicherweise vorkommenden (Lachnidien), deren Ausscheidungen als „Honigtau" die Bienennahrung für den begehrten Waldhonig sind, richten in Weihnachtsbaumkulturen im Allgemeinen keinen bekämpfenswerten Schaden an.

Tannentriebläuse: Sie werden auch Wollläuse genannt und können besonders an Nordmannstannen gefährlichen Schaden anrichten. Durch ihr Saugen an den frischen Trieben und Nadeln krümmen sich beide und verfärben sich gelb. Da auch der Gipfeltrieb (Terminaltrieb) befallen wird, kann es zu einer erheblichen Beeinträchtigung von Wachstum und Erscheinungsbild kommen. Tannentriebläuse sind deshalb schwer zu bekämpfen, weil sich ältere Läuse unter einer Wachswolle verstecken, die von Bekämpfungsmitteln nicht leicht zu durchdringen ist. Diese Altläuse überwintern an den Stämmen und sind dort bei starkem Befall leicht als weißliche Wollschicht zu entdecken. Da die Ausbreitung von derart befallenen Bäumen ausgeht, empfehlen erfahrene Anbauer, diese Bäume im Winter aus der Kultur zu entfernen. Ist der Bestand einmal befallen, dann empfiehlt der Pflanzenschutzdienst eine Vor-Austriebspritzung mit Ölpräparaten und nach dem Austrieb eine Spritzung mit Insektiziden, beispielsweise Karate WG Forst, Confidor WG 70 oder Mospilan SG (siehe Tab. 11).

Fichtenröhrenlaus: Die auch als Sitkalaus bekannte Fichtenröhrenlaus kann erheblichen Schaden anrichten. Die Läuse sind grün, ein bis zwei Millimeter groß und haben am Hinterleib zwei chrakteristische Röhren.

Die Laus überwintert vollständig entwickelt und tritt vom Herbst bis Juni auf. Saugschäden zeigen sich im unteren und inneren Bereich der Benadelung. Die Saugstellen sind über 1 mm groß. Die Nadeln verfärben sich gelbbraun bis violett und fallen im Winter bis zum Frühsommer ab. Die Befallsgefahr ist vor allem in milden Wintern sehr groß. Die Bekämpfung erfolgt im Winter und zeitigen Frühjahr mit Ölpräparaten. Anschließend können Pyrethroide wie Karate WG Forst und systemisch wirkende wie Confidor WG 70 eingesetzt werden.

Seltener sind Fichtengallenlaus und Nadelholzspinnmilbe. Die **Fichtengallenlaus** ist bis 4 mm groß und tritt ab März und April auf. Schadsymptome sind weiße Wachsfäden an Triebspitzen und Knospen sowie 15 bis 30 mm große Gallen. Die Bekämpfung erfolgt mit den zugelassenen Insektiziden, wie Karate WG Forst oder Confidor. Die **Nadelholzspinnmilbe** ist mit 0,2 bis 0,5 mm Größe nur schwer

Tabelle 11 Insektizide/Akarizide für Weihnachtsbaum- und Schnittgrünkulturen 20014 (Quelle: Kurt Lange, Landwirtschaftskammer Schleswig-Holstein)

Insektizid/Akarizid Wirkstoff Bienenschutz	Zulassungs-ende Monat. Jahr	Konzentration bzw. Aufwandm./ha	Gegen Insekten saugend	 beißend	Gegen Spinnmilben
Alverde *Metaflumizone* B4	04.2015	250 ml/ha	–	Rüsselkäfer § 22(2)	–
Apollo *Clofentezin* B4	12.2014	0,24 – 0,48 l/ha	–	–	X nur gegen Eier u. Junglarven
Bulldock *Beta-Cyfluthrin* B2	12.2014	0,05 % 0,3 l/ha	X	X	–
Calypso *Thiacloprid* B4	12.2015	0,1 – 0,3 l/ha	X	–	–
Decis flüssig *Deltamethrin* B2	12.2014	300 ml/ha	X	X	–
Dimilin 80 WG *Diflubenzuron* B4	12.2014	bis 75 g/ha	–	X Schmetterlings-raupen, Blatt-wespen-larven (Afterraupen)	–
Dipel ES *Bacillus thuringiensis* B4	12.2021	bis 3,0 l/ha	–	X Freifressende Schmetterlings-raupen	–
Envidor *Spirodiclofen* B1	12.2023	0,2 – 0,4 l/ha	–	–	X gegen. freile-bende Gallmil-ben § 22(2), nur 1 Anwendung
Fastac Forst *Alpha-Cypermethrin* B3	12.2016	2 % – 4 %	–	2 % streichen gegen Borkenkäfer, 4 % streichen oder spritzen geg. Großen Baunen Rüsselkäfer	–
Karate Forst flüssig *lambda-Cyhalothrin* B4	12.2018	75 ml/ha	X	X 0,5 % gegen Großen Braunen Rüsselkäfer	–
Karate Zeon *lambda-Cyhalothrin* B4	12.2022	75 ml/ha	§ 22(2)	Freifressende Schmetterlings-raupen	–

Insektizid/Akarizid Wirkstoff Bienenschutz	Zulassungs- ende Monat. Jahr	Konzentration bzw. Aufwandm./ha	Gegen Insekten saugend	beißend	Gegen Spinnmilben
Kiron *Fenpyroximat* B4	12.2017	0,9 l/ha bis 50 cm 1,2 l/ha 50-125 cm 1,5 l/ha über 125 cm Pflanzenhöhe	–	–	X Spinnmilben und Gallmilben
MASAI *Tebufenpyrad* B4	12.2017	300 g/ha – 600 g/ha je nach Pflanzenhöhe	–	–	X Spinnmilben und Gallmilben
Micula (Rapsöl) *Rapsöl* B4	12.2014	12 – 24 l/ha bzw. 2,0 %	X	–	X Spinnmilben und Gallmilben
Mospilan SG *Acetamiprid* B4	12.2016	150 g/ha bis 50 cm 225 g/ha 50-125 cm 300 g/ha über 125 cm Pflanzenhöhe	X	–	–
Neudosan Neu *Kali- seife* B4	12.2017	18 l/ha bis 50 cm 27 l/ha 50-125 cm 36 l/ha über 125 cm Pflanzenhöhe	X	–	X
Ordoval *Hexythiazox* B4	12.2015	250 g/ha bis 50 cm 375 g/ha 50-125 cm 500 g/ha über 125 cm Pflanzenhöhe	–	–	X erfasst werden Eier, Larven, Nymphen
Pirimor Granulat *Pirimicarb* B4	12.2014	250 g/ha bis 50 cm 375 g/ha 50-125 cm 500 g/ha über 125 cm Pflanzenhöhe	X	–	–
Plenum 50 WG *Pymetrozin* B1	12.2014	240 g/ha bis 50 cm 360 g/ha 50-125 cm 480 g/ha über 125 cm Pflanzenhöhe	X	–	–
Rogor 40 L, Bi 58, Perfekthion *Dimethoat* B1	12.2015	0,6 l/ha	–	X Zulassung nur gegen minierende Kleinschmetter- lingsraupen	–
Steward *Indoxacarb* B4	12.2016	85-170 g/ha	–	X § 22(2) Rüsselkäfer	–
Trafo WG *lambda-Cyhalothrin* B4	12.2022	150 g/ha	§ 22(2)	Freifressende Schmetterlings- raupen	–

B1 bienengefährlich
B2 bienengefährlich, ausgenommen bei Anwendung nach dem täglichen Bienenflug bis 23.00 Uhr
B3 aufgrund der durch die Zulassung festgelegten Anwendung des Mittels werden Bienen nicht gefährdet
B4 nicht bienengefährlich bis zur höchsten durch die Zulassung festgelegten Aufwandmenge

zu erkennen. Ihr Schaden zeigt sich an gelb gesprenkelten Nadeln. Zur Bekämpfung kommen Akarizide wie Apollo, Masai oder Micula in Frage.

9.2.2 Käfer

Großer brauner Rüsselkäfer: Der dunkelbraune bis fast schwarze Käfer hat auf dem Rücken eine gelbliche, streifenförmige Querpunktierung und ist sechs bis 14 mm groß. Er ist trotz seiner Größe nicht leicht zu finden, weil er vom Wurzelhals ausgehend am Stammfuß das für die Ernährung zuständige Kambium unterhalb der Rinde abnagt. Der Befall hat sich nach dem Trockenjahr 2003 auf den nach Borkenkäferschäden neu bepflanzten Forstflächen deutlich ausgebreitet. Durch den unterbrochenen Nährstofffluss bringt der Käfer die Bäume zum Welken und schließlich zum Absterben. Der Befall tritt in den Monaten April und Mai sowie August und September auf. Weil er auch schon Jungpflanzen befällt, wird in Befallsgebieten vor dem Pflanzen ein Tauchen der Sämlinge in eine einprozentige Spritzbrühe mit Karate WG Forst empfohlen. Ältere Bäume werden mit der gleichen Brühe im Bereich von Wurzelhals und unterem Stamm gespritzt.

Grünrüßler: Er tritt Im Gegensatz zu dem eben beschriebenen Großen braunen Rüsselkäfer in den Gipfeln der Bäume auf und ist deshalb leichter zu finden. Der grünmetallisch gefärbte vier bis fünf Millimeter große Schädling befällt im Frühjahr Fichten, Tannen und Kiefern. Er nagt an den jungen Trieben und vor allem am Gipfeltrieb die Nadeln ab, wodurch sich die Triebe krümmen und schließlich sogar absterben können. Die Bekämpfung im Kronenbereich erfolgt wiederum mit Karate WG Forst.

Maikäfer: Gefährlich ist nicht der Käfer selbst, sondern seine Larve, der Engerling. In stark befallenen Gebieten, vor allem in wärmeren Regionen, können Engerlinge an jungen Forstkulturen und damit auch in Weihnachtsbaum-Anlagen durch das Abfressen der Wurzeln Totalschäden anrichten. Die direkte Bekämpfung der Engerlinge ist im Boden kaum möglich. Sie kann lediglich bei den Maikäfern selbst erfolgen, was allerdings deshalb nicht sofort wirksam ist, weil Engerlinge vier bis fünf Jahre bis zur vollständigen Entwicklung brauchen.

9.2.3 Vögel und Mäuse

Vögel: Sie sind Schädlinge der besonderen Art. Wenn sie sich kurz nach dem Austrieb auf den noch weichen Gipfeltrieb setzen, bricht dieser an der Basis sehr leicht ab, was eine erhebliche Schädigung des Baumes bedeutet und ihn im Vermarktungsjahr unverkäuflich macht. Schon das Gewicht relativ kleiner Vögel wie Rotkehlchen oder Buchfink reicht aus, um den Gipfeltrieb abzubrechen. Umso gefährlicher sind größere Vögel wie Singdrossel, Star, Amsel, Krähe, Turmfalke oder Bussard. Krähenschäden treten gehäuft in der Nähe von Müllkippen auf.

Eine alt bekannte Gegenmaßnahme ist das Aufstellen von Sitzstangen in der Kultur, was nach Angaben der Praktiker aber oft nicht ausreicht. Als spezielle Gegenmaßnahme gegen Krähen und Raubvögel empfiehlt ein Anbauer aus dem Odenwald das Mulchen auf den Fahrgassen und in den Reihen möglichst nicht in der Austriebszeit vorzunehmen. Nach seiner Erfahrung werden beim Mulchen viele Kleintiere getötet, die den Krähen und Raubvögeln als willkommene Nahrung dienen und sie zum Absitzen in der Kultur veranlassen. Vogelschäden wirken sich ähnlich aus wie Winterfrostschäden, die ein Austreiben des Gipfeltriebes verhindern. Zu beheben sind diese Schäden nur mit aufwändigen Schnitt- und Korrekturmaßnahmen, die im folgenden Kapitel beschrieben werden.

Mäuse: Auch sie können Weihnachtsbäume schädigen. Die Schermaus oder Wühlmaus frisst unterirdisch die Wurzeln ab, so dass die Bäume kümmern oder absterben. Der Befall ist gegenüber anderen Schädlingen an den mehr als 2 mm breiten, grobfaserigen Nagespuren zu erkennen. Die ganzjährig auftretenden Schermäuse, deren Befall oberirdisch an den aufgeworfenen flachen Erdhaufen zu erkennen ist, können mit Drahtfallen oder chemisch unter anderem mit Köderfallen und dem Präparat Ratron in Form von Sticks bekämpft werden. Die Köderfallen werden etwa 10 bis 20 cm tief an der Stelle in den Boden eingegraben, an der ein Mausgang entlang führt. Oberirdisch werden Weihnachtsbäume durch Benagen am Stammfuß und den oberen Wurzeln von der Erdmaus und der Rötelmaus geschädigt. Der Befall ist in den Kulturen leicht auch an den oberirdischen Mausgängen und den entsprechenden Mauslöchern zu erkennen. Zur Bekämpfung kommt wiederum unter anderem das Präparat Ratron in Form von Ködern, Pellets, Giftweizen oder Giftlinsen in Frage. Die natürliche Bekämpfung durch Raubvögel wird durch das Aufstellen von Sitzstangen gefördert. Bei stärkerem Befall und gegen Schermäuse ist diese Methode alleine aber nicht ausreichend. Um sich vor den im Mäusekot enthaltenen Krankheitserregern (z. B. Hanta-Viren) zu schützen, sollten bei der Bekämpfung Handschuhe und beim Umgang mit Köderstationen oder Fallen auch ein Mundschutz getragen werden.

9.2.4 Pilzkrankheiten

Weihnachtsbäumen können auch von einer ganzen Reihe von Pilzkrankheiten befallen werden, die nicht nur das Wachstum schädigen, sondern auch das für den Verkauf wichtige Aussehen beeinträchtigen. Eine gute Methode zur Vorbeugung ist die gute Durchlüftung der Anlagen durch ausreichend große Pflanzabstände und das Meiden von feuchten, schlecht abtrocknenden Tallagen. Zur chemischen

Tabelle 12 Fungizide für Weihnachtsbaum- und Schnittgrünkulturen 2014 (Quelle: Kurt Lange, Landwirtschaftskammer Schleswig-Holstein)

Fungizid Wirkstoff	Zulassungs-ende Monat. Jahr	Konzentration bzw. Aufwandmenge/ha	Bemerkungen
Discus *Kresoxim-methyl*	12.2016	0,15 kg/ha bis 50 cm 0,225 kg/ha bis 125 cm 0,3 kg/ha über 125 cm Pflanzenhöhe	Vorbeugend gegen pilzliche Nadelbräunen, Rostpilze, Zweig- und Nadelschimmel.
Dithane Neo Tec *Mancozeb*	12.2014	0,2 % bis 3,0 kg/ha	Vorbeugend gegen pilzliche Nadelbräunen und Rostpilze.
Folicur *Tebuconazol*	12.2020	0,75 – 1,0 l/ha	Zweig- und Nadelschimmel, Rostpilze. Nicht im Maitrieb von Abies nordmanniana anwenden, Schäden möglich. Anwendung genehmigt nach Artikel 51.
Kumulus WG/ Netzschwefel *Schwefel*	12.2014	0,25 % bzw. 2,0 kg/ha je m Pflanzenhöhe	Vorbeugend gegen pilzliche Nadelbräunen. Nebenwirkung gegen Gallmilben und Algenbelag.
Mirage 45 EC *Prochloraz*	12.2022	1,2 l/ha	Vorbeugend gegen pilzliche Nadelbräunen. Genehmigung nach § 22(2) PflSchG erforderlich.
Ortiva *Azoxystrobin*	12.2020	0,48 l/ha bis 50 cm 0,72 l/ha 50 bis 125 cm 0,96 l/ha über 125 cm Pflanzenhöhe	Vorbeugend gegen pilzliche Nadelbräunen, Rostpilze, Zweig- und Nadelschimmel.
Polyram WG *Metiram*	12.2015	1,5 kg/ha bis 50 cm 1,75 kg/ha 50 bis 125 cm 2,0 kg/ha über 125 cm Pflanzenhöhe	Vorbeugend gegen pilzliche Nadelbräunen und Rostpilze.
Rovral WG *Iprodion*	12.2017	0,7 kg/ha	Vorbeugend gegen pilzliche Nadelbräunen, Zweig- und Nadelschimmel, Botrytis.
Score *Difenoconazol*	12.2020	75 ml/ha je m Baumhöhe	Pilzliche Nadelbräunen. Genehmigung nach § 22(2) PflSchG erforderlich.
Signum *Pyraclostrobin +* *Boscalid*	12.2019	1,5 kg/ha	Vorbeugend gegen Zweig- und Nadelschimmel, Botrytis. Genehmigt nach Artikel 51, bis 50 cm Pflanzenhöhe.
Stratego *Propiconazol +* *Trifloxystrobin*	12.2014	1,0 l/ha	Vorbeugend gegen pilzliche Nadelbräunen, Rostpilze, Zweig- und Nadelschimmel. Genehmigt nach § 18a bis 50 cm Pflanzenhöhe. Bei Abies nordmanniana. nicht in den Maitrieb.
Switch *Fludioxinil +* *Cyprodinil*	07.2014	1,0 kg/ha	Vorbeugend gegen Nadelbräunen, Botrytis, Rhizoctonia-Nadelschimmel. Gen. § 22(2) PflSchG erforderlich.
Systhane 20 EW *Myclobutanil*	12.2022	0,3 kg/ha bis 50 cm 0,6 kg/ha bis 125 cm Pflanzenhöhe	Vorbeugend gegen Rostpilze. Genehmigt nach Artikel 51.

Bekämpfung steht eine Reihe von Fungiziden zur Verfügung (Tabelle 12).

Fichtennadelrost: Er befällt generell die Fichtenarten und damit auch die häufig angebauten Blau- oder Stechfichten. Die Krankheit tritt beim Austrieb auf und ist an den vorjährigen Nadeln durch rote, lang gestreckte Sporenlager zu erkennen. Der Befall führt zu Vergilbungen am jüngsten Nadeljahrgang.

Tannennadelrost: Er zeigt sich an allen Tannenarten und damit auch an der beliebten Nordmannstanne. Anzeichen sind orangefarbene und später weiß werdende, fadenartige bis punktförmige Sporenbehälter auf den Nadelunterseiten. Schäden entstehen durch Vergilbungen und Nadelverluste am jüngsten Nadeljahrgang. Eine Besonderheit ist, dass diese Pilzkrankheit außer den Tannen noch eine zweite Wirtspflanze hat, das bereits erwähnte Schmalblättrige Weidenröschen. Dort setzt der Pilz über den Winter seine Entwicklung fort und wandert im nächsten Frühjahr wieder auf die Tanne zurück. Die Unkrautbekämpfung ist damit eine wichtige Maßnahme gegen den Tannennadelrost. Die chemische Bekämpfung erfolgt vorbeugend mit Fungiziden wie beispielsweise Ortiva oder Dithane Ultra.

Der kurze Draht zum Pflanzenschutz

Durch die geänderte Zulassungspraxis ist es sehr schwierig geworden, einen Überblick über die in Weihnachtsbaumkulturen anwendbaren Pflanzenschutzmittel zu erhalten. Auskünfte darüber erteilt der bei den Regierungspräsidien oder Landwirtschaftskammern eingerichtete Pflanzenschutzdienst. Diese Dienststellen haben in der Regel eine Telefon-Hotline eingerichtet und sind im Internet unter dem Suchmaschinen-Stichwort „Pflanzenschutzdienst" zu erreichen.

Kabatina: diese Pilzkrankheiten ruft bei allen Tannenarten Nadelverbräunungen, hervor. Besonders empfindlich sind die Große Küstentanne und die Pazifische Edeltanne.

Schimmelkrankheiten: Vor allem Grauschimmel und der Zweigschimmel treten oft während des Austriebes bei hoher Luftfeuchtigkeit und einem durch kaltes nasses Wetter verzögerten Wachstum auf. Beim Grauschimmel hängen die jungen Jahrestriebe schlaff herab. Sie verfärben sich zunächst fahlgrün und bei stärkerem Schaden rosa bis braun. Der Pilz ist als Schimmelbelag zu erkennen. In manchen Fällen wächst sich ein Schimmelschaden von selbst wieder aus.

Hallimasch: Er tritt vor allem auf ehemaligen Waldflächen auf, die noch Wurzelreste aufweisen. Der Pilz befällt die Wurzeln und ist am Stammgrund unter der Rinde als weißes Pilzgewebe zu erkennen. Die

Nadeln der befallenen Bäume werden hell und rötlich bis dunkelbraun. Die jungen Bäume lassen sich durch die Wurzelschäden leicht umlegen oder herausziehen. Es wird empfohlen, befallene Pflanzen sofort zu roden und zu verbrennen.

Phytophtora: Diese auch als Wurzelfäule bezeichnete Pilzkrankheit wurde in neuester Zeit an verschiedenen Tannenarten, besonders an der Edeltanne, festgestellt. Sie tritt hauptsächlich auf nassen Standorten auf. Bis jetzt ist eine Regelung des Wasserhaushaltes durch Drainage die einzige Gegenmaßnahme.

Rhizoctonia: Diese entfernt mit der Wurzelfäule bei Kartoffeln verwandte Pilzkrankheit wurde in jüngerer Zeit immer öfter auch in Weihnachtsbaumkulturen festgestellt. Sie befällt vorzugsweise Blaufichten, aber auch Nordmannstannen. Der Pilz überzieht die Nadeln und verfärbt sie graubraun. Der Befall tritt ab Spätsommer bis zum Winter auf. Feuchtigkeit begünstigt das Auftreten. Besonders gefährdet sind deshalb schlecht abtrocknende Lagen und dicht bepflanzte Kulturen. Eine umfassende Bekämpfungstrategie gibt es bisher nicht.

Es gibt noch eine Reihe weiterer Pilzkrankheiten, die allerdings selten auftreten. Wer sich nicht sicher ist, welche Pilzkrankheit auftritt oder um welchen Schädlingsbefall es sich handelt, sollte umgehend den Pflanzenschutzdienst informieren und sich dort beraten lassen (siehe Kasten).

10 Erziehungsmaßnahmen, Schnitt

Der ideale Weihnachtsbaum entsteht nur selten von selbst. Er muss nicht nur richtig gepflanzt und gut gepflegt, sondern auch regelrecht erzogen werden. Mit der Aussage „wie gewachsen" gibt sich der anspruchsvolle Verbraucher in den meisten Fällen nicht mehr zufrieden. Damit der ideale Baum mit kegelförmigem Aussehen und dichtem und gleichmäßigem Bewuchs zustande kommt, sind Eingriffe unter Umständen schon ab dem zweiten Standjahr nötig. Die Aussage eines Praktikers: „Lassen wir die Bäume wachsen, dann erreichen wir vielleicht eine Ausbeute an gut vermarktungsfähigen Endprodukten von maximal 50 %. Nehmen wir einfache Korrekturen vor, dann bringen wir es immerhin auf 70 %. Machen wir aber eine ausgiebige Qualitäts-Beschneidung, dann können wir rund 90 % erreichen."

Eine **Korrekturbeschneidung** beschränkt sich auf die Beseitigung von Doppelwipfeln und auf grobe Seitenkorrekturen, um ein gleichmäßiges Erscheinungsbild sicherzustellen. Bei der **Qualitätsbeschneidung** nimmt man nicht nur die doppelten Spitzen weg. Weil

Abb. 24. Erziehungsmaßnahme. Beseitigung von Doppelgipfeln kurz nach dem Austrieb.

die Verbraucher heute eher die schmalkegeligen als die breiten Bäume bevorzugen führt man außerdem einen umfangreichen Breitenschnitt durch. Nach Aussagen von Praktikern neigen besonders die Nordmannstannen der Herkunft Ambrolauri zur Breite. Sie kann oft nur durch einen ausgiebigen Schnitt eingegrenzt werden. Zusätzlich gehört zur Qualitätsbeschneidung die Längenkorrektur der Gipfeltriebe, die ein Maß von maximal 35 bis 37 Zentimeter nicht überschreiten sollen.

Nicht alle Produzenten sind von der Arbeitsbelastung her in der Lage, eine ausgiebige Qualitäts-Beschneidung durchzuführen. Das ist dann hinzunehmen, wenn solche Qualitätseinbußen bei der Vermarktung durch gute Benadelung, schöne Farbe und vor allem die Frische der Bäume ausgeglichen werden können. Ein schwäbischer Anbauer, der seine Nordmannstannen alle auf dem Betrieb selbst verkauft und seit Jahren einen festen Kundenstamm hat, klassifiziert seine Bäume in „Traumbäume", „Geküsste" und „Minibäume" (s. Abb. 40). Traumbäume sind in ihrer Form und Farbe vollendet. Als von der Natur geküsst bezeichnet er Bäume, die nicht ganz dem Idealbild entsprechen, beispielsweise Doppel- oder Dreifachgipfel haben, aber von der Benadelung und der Form her in Ordnung sind. Die Minibäume, die etwa vom vierten bis zum sechsten Standjahr verkauft werden, passen als Zweitbaum ins Kinderzimmer oder in den Vorgarten. Wer keine solchen direkten Vermarktungsmöglichkeiten hat und zum ausführlichen Qualitätsschnitt zeitlich nicht in der Lage ist, muss seine Bäume zu wesentlich schlechterem Preis an den Handel abgeben, der damit oft die Super- und Baumärkte bedient.

Korrekturschnitte können im Winter oder im Frühjahr und dann nach der Stabilisierung der einjährigen Triebe im Sommer erfolgen. Der Schnittzeitpunkt muss so gewählt werden, dass die Wunden bis zur Vegetationsruhe möglichst schnell und sauber vernarbt sind. Beim Doppelwipfel schneidet man im Winter oder Frühjahr den Trieb ab, der am schönsten in die Höhe gewachsen ist. Ist eine zu große Trieblänge zu befürchten, kann der Wipfel stehen bleiben, der den schwächeren Wuchs zeigt.

Frühzeitige Korrekturen sind auch schon kurz nach dem Austrieb sinnvoll. Wo Vogelschäden befürchtet werden müssen, ist es allerdings ratsam, die Doppelwipfel erst dann zu schneiden, wenn die Triebe stabilisiert sind. Fällt einer davon einem Vogel zum Opfer, ist immer noch ein Reservewipfel da. Die Seitenbeschneidung, die eine gleichmäßige Kegelform und dem neuesten Trend entsprechend einen schmalkegeligen Wuchs zum Ziel hat, greift an den Seitentrieben ein. Der entsprechende Schnitt kann im unteren Bereich im mehrjährigen Holz erfolgen. Weiter oben ist kurz nach dem Austrieb der richtige Zeitpunkt. Dann kann man sogar auf die Schere verzichten, indem man den jungen seitlichen Trieb mit der Hand abknipst oder

Abb. 25. Bei frühzeitigem Einsatz können überflüssige Triebe auch ohne Schere leicht von Hand entfernt werden. Foto: Herzog.

Abb. 26. Einsatz der Top-Stopp-Zange.

Abb. 27. Die Verletzungen durch die Top-Stopp-Zange verheilen relativ schnell.

Farbtafel 3
Oben links: Bornmüller-Tanne (*Abies bornmuelleriana*). Foto: Herzog.

Oben rechts: Vorn Nikkotanne (Abies homolepsis) und links dahinter Veitch-Tanne (*Abies veitchichii*). Foto: Herzog.

Unten links: Kork- oder Arizona-Tanne (*Abies lasiocarpa*).

Unten rechts: Prachttanne (*Abies magnifica*).

abknickt, was im amerikanischen Sprachgebrauch als „Snipping" bezeichnet wird. Nach diesem Eingriff treibt die unterhalb des Seitentriebs liegende Knospe aus und manchmal bildet sich dort sogar ein Triebbündel.

Ein verbreitetes Problem bei gut wachsenden Kulturen sind ab dem vierten bis fünften Standjahr die zu langen Gipfeltriebe. Sie sollten nicht länger als 35 bis 37 Zentimeter sein, überschreiten dieses Maß aber bei guten Voraussetzungen und guter Düngung oft bei weitem. Besonders gilt dies für die Nordmannstanne, die Koreatanne und die Veitchtanne. Um dieses Längenwachstum zu begrenzen, gibt es ver-

Abb. 28. Einachstraktor mit vorgebauter Einrichtung für die Stumpfbeschneidung. Werkfoto: Jutek.

Abb. 29. Kleinraupe mit vorgebautem Stumpfbeschneider. Werkfoto: Niko.

schiedene Möglichkeiten der Triebregulierung. Die erste, relativ einfache, aber in ihrer Wirkung begrenzte Möglichkeit ist die Wahl einer schwächer wachsenden Herkunft und eine verhaltene Düngung, vor allem mit Stickstoff.

Eine sehr wirksame Maßnahme, die sich in neuerer Zeit stark verbreitet hat, ist eine äußerliche Verletzung am alten Gipfeltrieb mit der so genannten Topp-Stopp-Zange. Mit ihr wird beginnend im April bis kurz nach dem Austrieb, dann, wenn der junge Trieb nicht länger als fünf bis zehn Zentimeter lang ist, der alte Trieb ringförmig an der Rinde verletzt, was zu einer deutlichen Wuchshemmung des neuen Triebes führt. In stark treibenden Kulturen wird die Zange sogar zwei Mal übereinander, aber dann um 90 Grad versetzt angewandt. Die Verletzungen verheilen gut und sind ab dem zweiten Jahr so gut wie nicht mehr zu erkennen. Weniger gute Ergebnisse erzielt man mit der Top-Stopp-Zange bei Stechfichten. Dort führt die Verletzung häufig zum Austrieb mehrerer Gipfeltriebe. Die Topp-Stopp-Zange ist mit einem Preis von rund 420 Euro ohne Mehrwertsteuer nicht gerade billig. Allerdings können mit ihr in der Stunde bis zu 600 Bäume behandelt werden. Manche Anbauer mit kleineren Flächen verzichten auf die Anschaffung der Zange. Sie ahmen den Einschnitt der Zange mit einem Messer nach, was allerdings einige Übung verlangt. Eine Methode zur Triebkürzung bei größeren Bäumen ist der Einschnitt im mittleren Kronenbereich mit der in Österreich entwickelten Pichlinger-Baumbremse, die einer Astschere gleicht und mit zangenartigen Messern das Kambium verletzt. Eine Bezugsquelle für die genannten Geräte und anderes Zubehör für Baumschulen und Weihnachtsbaumplantagen ist unter anderem das Versandhaus Heidegesellschaft in 22946 Trittau (www.heidegesellschaft.de).

Abb. 30 (oben). Rollgerät für die chemische Triebregulierung. Werkfoto: Heidegesellschaft.

Farbtafel 4
Oben: Herkunftsvergleich bei der Blaufichte. Links ungleichmäßiger Bestand, rechts Klonsorte, gleichmäßiger Wuchs und gleichmäßige Färbung.

Mitte links: Fichtennadelrost an einer Blaufichte mit reifen Fruchtkörpern. Foto: Lange.

Mitte rechts oben: Altläuse der Tannentrieblaus am Zweig unter der Wachswolle und saugende Jungläuse an den Nadeln. Foto: Lange.

Mitte rechts unten: Tannennadelrost an einer Nordmannstanne. Rechts Sporen und links reife Fruchtkörper. Foto: Lange.

Unten links: Zweigschimmel an einer Nordmannstanne. Er tritt ab Ende Juni nach kühl-feuchter Witterung auf. Gefährdet sind dichte, schlecht durchlüftete Bestände. Eine Bekämpfung ist bereits bei einzelnen, stark befallenen Bäumen sinnvoll, um ein Weiterlaufen der Infektion zu verhindern. Foto: Lange.

Unten rechts: Fruchtkörper des Tannennadelrostes an einer Nordmannstanne. Foto: Lange.

Ein im Vorjahr bereits zu lang gewachsener Terminaltrieb kann vor dem Neuaustrieb gekürzt werden. Maßnahme: Bei etwa 35 cm Länge den Trieb unmittelbar über einer nach Norden weisenden Knospe im Winkel von 45° abschneiden und den Austrieb aus dieser Knospe mit

Abb. 31 (rechts). Wird bei ausgefallener Gipfelknospe der obere Astkranz sehr früh entfernt, treibt oft noch im gleichen Jahr ein neuer Gipfeltrieb aus. Hier bilden sich mehrere Triebe, die später einen weiteren Schnitt notwendig machen. Foto: Herzog.

Abb. 32 (links). Totalausfall der Gipfelknospe und des obersten Astkranzes. Wenn sich die Seitenäste aufrichten, lässt sich der Schaden noch gut beheben. Foto: Herzog.

einer über den Trieb geschobenen als Terminaltriebregler bezeichneten speziellen Metallhülse zwingen, nach oben zu wachsen.

Eine weitere, etwas anspruchsvollere und zeitlich eng begrenzte Methode der Terminaltriebregulierung am jungen Trieb ist das so genannte „Pinzieren". Dabei wird kurz nach dem Austrieb am neuen, maximal sechs bis acht Zentimeter langen Trieb die Gipfelknospe (Terminalknospe) mit den Fingerspitzen oder einer Schere entfernt. Der Zeitraum für diese Maßnahme liegt je nach Herkunft und Flächenlage zwischen dem 25. Mai und dem 10. Juni. Er beschränkt sich aber in der Regel auf wenige Tage. Nach dem Pinzieren bildet sich am verkürzten Trieb innerhalb von 15 bis 20 Tagen eine neue Terminalknospe. Wichtig ist, dass sich knapp unterhalb der angeschnittenen Knospe ein Knospenkranz für die zukünftigen Seitentriebe befindet. Dies ist bei Blaufichte und Koreatanne nahezu immer der Fall, weniger bei der Nordmannstanne.

Einen gewissen beschränkenden Einfluss auf das Gipfelwachstum hat nach norddeutschen Erfahrungen die so genannte „Stumpfbeschneidung". Dazu werden vor dem Austrieb im März bis Anfang Mai am Stammfuß die Äste von ein bis zwei Astkränzen maschinell oder von Hand entfernt. Durch die entstandenen Verletzungen wird nicht nur das Gipfelwachstum begrenzt, sondern auch für eine bessere Durchlüftung der Anlagen gesorgt und schließlich auch die Ernte erleichtert. Ein erfahrener bayerischer Anbauer setzt zur Triebregulierung ganz auf diese Stumpfbeschneidung. Er führt sie ausschließlich mit der Motorsäge durch, um die Stämme ganz gezielt zu verletzen und damit die Triebentwicklung zu hemmen.

Abb. 33 (oben). Winterfrostschaden an der Gipfelknospe eine Nordmannstanne im zweiten Standjahr.

Abb. 34 (links). Hier wurde die ausgefallene Gipfelknospe schräg abgeschnitten, damit der aufgerichtete Seitenast gut nach oben wächst. Damit sich die Seitenäste gut ausbilden, wird der neue Gipfeltrieb später etwa 4 cm oberhalb des Astkranzes abgeschnitten. Foto: Herzog.

Abb. 35 (rechts). Durch das Aufbinden eines Seitenastes an einem Stab ensteht ein neuer Gipfeltrieb. Foto: Herzog.

Eine Beschränkung der Trieblänge durch Verletzung ist nicht nur am Gipfeltrieb selbst, sondern umgekehrt auch an den Wurzeln möglich. Dazu werden die Wurzeln mit dem Spaten oder einem speziellen Unterschneidepflug seitlich und/oder unterhalb abgeschnitten. Diese Methoden wurden am Gartenbauzentrum Wolbeck an Stechfichten wissenschaftlich untersucht.

Während das Umstechen mit dem Spaten nur einen geringen Einfluss auf die Trieblänge zeigte, brachte das Unterschneiden mit einem U-förmigen Schar am Unterschneidepflug die besten Ergebnisse. Im Durchschnitt wurde eine Reduktion der Trieblänge um 15 % erreicht. Von den Praktikern wird diese Wurzelbehandlung allerdings als umständlich und zeitaufwändig kritisiert. Eine Vereinfachung soll mit einem hydraulischen Spaten möglich sein, mit dem jeder Baum einmal schräg unterstochen wird, so dass man damit die Hauptwurzel erreicht. Durch den Wurzelschnitt werden die Seitenwurzeln zum Wachstum angeregt. In ihren Spitzen werden Hormone der Gruppe Cytokinine gebildet, die das Triebwachstum hemmen und die Anlage von Seitenknospen fördern.

Die Triebregulierung ist auch auf chemischem Wege möglich. Entsprechende Mittel mit dem Wirkstoff Alphanaphtylessigsäure und dem Produktnamen Camposan sind in Deutschland nicht, dafür aber in anderen Staaten, so im Hauptexportland Dänemark zugelassen. Aber auch dort soll aus Gründen der Gesundheitsgefährdung ein Verbot bevorstehen. In der Regel werden diese Mittel nicht gespritzt, sondern per Streichverfahren am Gipfeltrieb angebracht. Damit das Mittel gut haftet, wird es in der Regel mit Buttermilch versetzt. Ein einfaches Gerät für das Streichverfahren ist eine Doppelrolle, die über einen am Gürtel des Anwenders befestigten Behälter mit dem Mittel versorgt wird. Diese Doppelrolle wird dann einfach über den Gipfeltrieb gezogen (s. Abb. 30).

Das umgekehrte Problem der Triebregulierung ergibt sich, wenn die Gipfelknospe durch Frostschäden gar nicht austreibt oder der junge Trieb durch Vogelschaden abgebrochen ist. Das führt in der Folgezeit zu einem Misswuchs mit deutlicher Entwertung der Bäume. Korrekturen sind möglich. Man kann bei einer durch den Winterfrost sitzen gebliebenen Gipfelknospe auch auf den Austrieb des nächsten Jahres warten. Dazu muss allerdings der oberste Astkranz vollkommen entfernt werden. Wird diese Maßnahme früh genug durchgeführt, dann kann es sogar im gleichen Jahr zum Austrieb eines neuen Gipfeltriebes kommen.

Abb. 36 (links). Streben zwei Seitenäste nach oben, dann erübrigt sich durch Zusammenbinden das Aufbinden am Stab. Einer der beiden Gipfel wird später abgeschnitten. Foto: Herzog.

Abb. 37 (rechts). Bei häufigen Knospenausfällen bewährt sich eine Herkunft, die als Ersatz viele Knospen ausbildet. Foto: Herzog.

Andererseits richten sich bei ausgefallenem Gipfeltrieb einer oder mehrere Seitentriebe des oberen Astkranzes auf und übernehmen die Gipfelfunktion. Eine Korrektur, die sich diese Eigenschaft zu Nutze macht und später kaum noch auffällt, ist das Aufbinden. Dabei wird der sich aufrichtende Seitentrieb mit feinen, plastikummantelten Drähten an einem am Stamm befestigten Holzstab angebunden. Es ist darauf zu achten, dass sich der neue Gipfeltrieb in der Länge und Breite dehnen kann, weil sonst Krümmungen auftreten. Streben zwei Seitentriebe gleichmäßig nach oben, dann besteht auch die Möglichkeit, diese Triebe zusammenzubinden und später einen davon zu entfernen. Am einfachsten ist das Aufbinden bei der Blaufichte, wo der oberste Astkranz genügend Äste für einen neuen Gipfel aufweist und das Hochbinden eines Seitentriebes später nur zu einer leichten Stammkrümmung führt.

11 Ernte

Die Erntesaison beginnt in manchen Weihnachtsbaumanlagen schon am 1. November. Das gilt vor allem für Großanbauer und für dänische Exporteure. Sie verkaufen ihre Bäume über den Handel, der die Ware anschließend an Endverkäufer in den Großstädten weitergibt. Damit diese Bäume – in der Regel handelt es sich um Nordmannstannen – am Weihnachtstag noch frisch und nicht nach kurzer Zeit im geheizten Wohnzimmer grau und welk sind, werden sie in große Bündel oder auf Paletten gepackt und so möglichst kühl zwischengelagert. Großproduzenten müssen früh mit dem Einschlag beginnen, damit die Ware über die verschiedenen Stufen Anfang bis Mitte Dezember auf den Markt kommen kann.

Gefällt werden die Weihnachtsbäume in aller Regel mit der Motorsäge, wobei der Bodenkontakt zu meiden ist, weil die Sägekette sonst in kurzer Zeit stumpf ist. Bequemer, weil ohne Bücken gearbeitet werden kann, ist das Fällen mit dem zur Unkrautbeseitigung eingesetzten Freischneider, bei dem das Unkrautmesser gegen ein Kreissägenblatt ausgetauscht wird. Allerdings ist die Leistung dieses Gerätes deutlich niedriger als die der Motorsäge. Das Fällen kann auch rein maschinell, das heißt, ohne Handarbeit erfolgen. Die auf das Weihnachtsbaumgeschäft ausgerichteten Maschinenbau-Unternehmen haben für ihre Einachs- oder Portaltraktoren Baumfäller als Anbaugerät entwickelt (s. Abb. 38). Der über ein Stützrad an der Baumreihe entlang

Abb. 38. Auch das Fällen ist maschinell möglich. Hier ein Vorsatzgerät für den Einachstraktor. Werkfoto: Jutek.

geführte Baumfäller besteht aus einem beweglichen Arm, der mit einem Hartmetall-Sägeblatt bestückt ist. Dieses Kreissägeblatt wird über die Hydraulikanlage des Traktors von einem Ölmotor angetrieben. Durch die Betätigung eines Joysticks schnellt der Arm nach außen und durchtrennt dann Baumstümpfe bis zu einem Durchmesser von 20 cm. Mit dem Arm fährt auch ein höher angebrachter Balken aus, der den zu fällenden Baum in die Fahrrichtung drückt und damit das Einklemmen des Sägeblattes verhindert. In einer Stunde können nach Werksangaben 500 bis 2000 Bäume gefällt werden.

Der Erntetermin von Weihnachtsbäumen richtet sich nach der Vermarktung. Je kürzer der Weg vom Produzenten zum Verbraucher ist und umso weniger Stufen dazwischen liegen, umso näher kann der Einschlagtermin an die Weihnachtstage heranrücken. Mittlere Produzenten mit Anbauflächen zwischen 10 und rund 30 Hektar haben in der Regel eine geteilte Verkaufsstrategie. Ein Teil der Bäume geht auf eingefahrenen Absatzwegen an den Handel. Der andere Teil, das sind dann im dreistufigen Klassifizierungsverfahren (s. Seite 91) Bäume der ersten und zweiten Wahl, werden dagegen direkt auf dem Hof oder über eigene Verkaufsstände in den Städten abgesetzt. Die Handelsware wird in der Regel ab dem 15. November geschlagen, während die Ernte für den Direktabsatz meist erst ab dem Nikolaustag, dem 6. Dezember erfolgt. Ende November geschlagene Bäume können beim Verkauf Mitte Dezember durchaus noch als frisch bezeichnet werden. Voraussetzung ist, dass bei der Zwischenlagerung bis zum Verkauf bestimmte Regeln beachtet werden:

- Die Bäume sollten nicht liegend und auf jeden Fall nicht aufeinander gestapelt liegen, sondern stehend aneinander gelehnt gelagert werden.
- Der Boden des Lagerplatzes sollte nicht betoniert oder mit Asphalt beziehungsweise Betonsteinen befestigt sein, weil solche Flächen dem Baum Wasser entziehen. Besser sind Gras- oder Waldflächen.
- Der Lagerplatz sollte nicht der Sonne ausgesetzt und windgeschützt sein. Sonne und Wind trocknen die Bäume aus.
- Bei einem längeren Transport per LKW, PKW-Anhänger oder Traktor müssen die Bäume mit einer Plane abgedeckt werden, weil der Fahrtwind die Bäume ebenfalls austrocknet.

Um bei der Ein- und Auslagerung Astverletzungen und Nadelverluste zu vermeiden, empfiehlt es sich, die Bäume bereits beim Einlagern in die bekannten Netze zu ziehen. Für das Einnetzen gibt es einfache trichterförmige Verpackungsgeräte, durch die der Baum von Hand gezogen wird. Für größere Verkaufszahlen gibt es Geräte, bei denen ein Hydraulikzylinder das Durchziehen übernimmt.

Es gibt auch Produzenten, die sich beim Einschlagtermin nicht in erster Linie nach den Wünschen des Handels oder der Öffnung von

Marktständen richten, sondern nach dem Mond. Nach ihrer Ansicht bleiben die Weihnachtsbäume umso länger frisch und halten ihre Nadeln umso besser, wenn beim Einschlag die Mondphasen berücksichtigt werden. Gleiches soll ebenso für Schmuckgrün gelten. Als bester Termin wird der 3. Tag vor dem 11. Vollmond genannt. Zu diesem Zeitpunkt geschlagene Bäume sollen ihre Nadeln bis weit in das neue Jahr hinein halten. Obwohl wissenschaftliche Untersuchungen den Einfluss des Mondes nicht bestätigen konnten, schwören manche Produzenten und auch manche Käufer darauf.

11.1 Weihnachtsbäume selber schlagen?

Als Besonderheit bieten viele Erzeuger ihren Käufern an, sich schon im Sommer oder direkt beim Einkauf ihren Baum selbst auszusuchen und dann auch zu schlagen. Dieses Angebot nehmen teilweise auch Firmen an, die ihren Kunden oder Mitarbeitern das Aussuchen und Schlagen eines Weihnachtsbaumes als besonderes Ereignis anbieten. Ein Produzent aus dem Schwäbischen ist da skeptisch: „Ich lasse niemand mit der Axt oder der Säge in den Bestand. Die schlagen die schönsten Bäume heraus, die teilweise noch gar nicht fertig sind und machen im Bestand riesige Löcher.“

12 Qualitätskriterien

Wie sieht der ideale Weihnachtsbaum aus? „Etwa so groß wie Marilyne Monroe und auch fast so schön", sagt Ursula Geismann vom Hauptverband der Deutschen Holzindustrie. Er soll eine schlanke Dreiecksform mit einem Höhen:Breiten-Verhältnis von 1,0 : 0,6 haben. Die einzelnen Astquirle sollen zueinander einen mittleren Abstand (Internodienlänge) von 35 bis 37 Zentimeter haben.

Bei der Nadelfarbe sind die Ansprüche und Angebote verschieden. Die Palette reicht je nach Art und Züchtung von hell bis dunkelgrün und grau- bis stahlblau. Auf jeden Fall soll die Nadelfarbe gleichmäßig, kräftig und möglichst frisch sein.

Ein wichtiges Kriterium für den Käufer, das er allerdings erst nach dem Kauf bewerten kann, ist die Haltbarkeit der Nadeln. Wenn der Baum schon in der ersten Woche nach dem Aufstellen zu nadeln beginnt, wird der Käufer ganz bestimmt diese Baumart im nächsten Jahr nicht mehr kaufen, gleichzeitig aber womöglich auch den Verkäufer wechseln. Das Nadelhaltevermögen hängt erstens von der Baumart ab. Besonders gut schneiden in dieser Hinsicht die Nordmannstanne, die Blau- oder Stechfichte und die Coloradotanne ab. Umgekehrt nadeln die Gemeine Fichte und die Koreatanne relativ früh. Zweitens ist die Haltbarkeit der Nadeln vom Erntezeitpunkt abhängig. Je näher der Zeitpunkt des Einschlags an die Weihnachtstage heranrückt, umso größer wird die Gewähr, dass die Nadeln auch noch

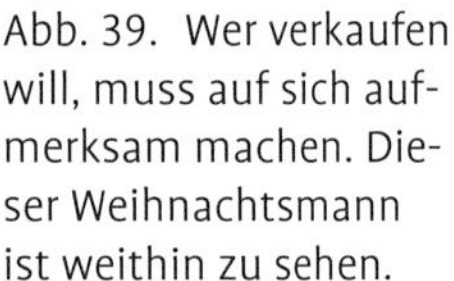

Abb. 39. Wer verkaufen will, muss auf sich aufmerksam machen. Dieser Weihnachtsmann ist weithin zu sehen.

eine Woche nach den Feiertagen fest am Baum sitzen und ihre Farbe behalten.

Je länger der Transportweg ist und je zahlreicher die zwischen Erzeuger und Verbraucher liegenden Handelsstufen sind, umso früher muss der Einschlag erfolgen. Daraus ergibt sich automatisch der Vorteil einer marktnahen Produktion. Drittens hängt die Nadelhaltbarkeit auch von der Lagerung der Bäume zwischen Einschlag und Verkauf ab. Der Lagerplatz soll schattig, windgeschützt und nicht betoniert oder asphaltiert sein.

12.1 Klassifizierung

Der Verband Westeuropäischer Weihnachtsbaumzüchter hat 1996 eine Richtschnur für Güteklasseneinteilung und die Maße von Weihnachtsbäumen herausgegeben.

Ausgegangen wird von den folgenden Qualitätskriterien:

Farbe: Kennzeichen für einen frischen und gesunden Baum ist eine gleichmäßige Farbe ohne Fehler, die auf eine falsche Düngung, auf Spritzfehler, Stress, Krankheit oder Klimaschwankungen (Frost) zurück zu führen sind.

Form: Bei Bäumen bis 300 Zentimeter Höhe darf die Breite nicht größer sein, als die Höhe und nicht kleiner als die halbe Höhe. Fehlerhaft ist ein Baum, bei dem die Breite über ein Drittel der Höhe hinaus geht.

Dichte: Die Zweigkränze oder Quirle müssen gleichmäßig über die Höhe des Baumes verteilt sein. Für Nordmannstannen und Edeltannen gelten folgende Angaben: Unter 150 Zentimeter Höhe mindestens vier, bei 150 bis 200 Zentimeter mindestens fünf und bei mehr als 200 Zentimeter mindestens sechs Zweigkränze.

Symmetrie: Der Baum muss eine gleichmäßige Kegelform haben. Die Zweige müssen gleichmäßig um den Stamm verteilt sein. Es dürfen keine dürren oder gebrochenen Zweige vorhanden sein. Der Baum muss eine Spitze haben, die weder gebogen, schief oder zu kurz sein darf.

Zweige und Nadeln: Die Zweige der Weihnachtsbäume müssen frei von Flechten, Moos und Borkenkäferbefall sein. Die Nadeln müssen an den Zweigen gleichmäßig verteilt und voll entwickelt sein. Sie dürfen keine sichtbaren Spuren von Insektenfraß oder Saugschäden haben.

Formregulierung: Die Wunden von Korrekturbeschneidungen dürfen nicht sichtbar sein.

Für die Klassifizierung sind drei Kategorien festgelegt:
- Erste Wahl
- Zweite Wahl
- Nicht klassifiziert

Bäume der **Ersten Wahl**, die auch als „Prima Ware" bezeichnet werden, müssen die genannten Qualitätsanforderungen erfüllen, dürfen aber einen kleinen Fehler oder Mangel aufweisen.

Als **Zweite Wahl** oder Standard-Ware gelten Bäume, die ein attraktives Aussehen besitzen und nicht mehr als zwei Fehler haben. Zulässig sind das Fehlen eines Zweigkranzes, kleine Abweichungen von der Symmetrie, weniger als vier Zweige pro Zweigkranz, geringe Farbabweichungen, eine zu kurze oder gebogene Spitze.

Als **unklassifiziert** gelten Bäume, die stark verfärbt sind oder eine ungleichmäßige Farbe haben, eine ungleichmäßige Zweigverteilung aufweisen, deutlich zu wenige Zweigkränze haben, deren Stamm deutlich verbogen ist, die keinen Gipfeltrieb besitzen und starke Abweichungen von der geforderten Symmetrie zeigen.

In der ab der Schnittfläche gemessenen Höhe werden die Bäume so eingeteilt:

- 40 bis 60 cm
- 60 bis 80 cm
- 80 bis 100 cm
- 100 bis 125 cm
- 125 bis 150 cm
- 150 bis 175 cm
- 200 bis 250 cm
- 250 bis 300 cm

Das untere Stammende, das von der Schnittstelle bis zum untersten Astkranz gemessen wird, soll mindestens fünf und bei Bäumen bis zu 200 cm Höhe nicht mehr als zehn und bei über 200 cm Höhe nicht mehr als 15 % der Baumhöhe betragen.

Eine relativ kleine Käuferschicht möchte den Weihnachtsbaum nach den Feiertagen in den Garten pflanzen. Für diese Kunden werden Bäume mit dem Wurzelballen ausgestochen und in einem Topf angeboten. Dafür eignen sich am ehesten kleine bis mittelgroße Bäume und Arten, die relativ flach wurzeln (z. B. Koreatanne, Gemeine Fichte). Die tief wurzelnden Tannenarten lassen sich zum einen schlecht ausstechen und wachsen nach Verlust der Pfahlwurzel auch schlechter an. Das Ausstechen der Ballen verlangt einige Übung. Ein schlecht gestochener Ballen passt womöglich nicht in den Topf oder der Baum steht nachher schief. Der Kunststoff des Topfes darf nicht zu hart sein, weil er sonst bei Minustemperaturen brechen kann. Im Zimmer und vor allem nach dem Versetzen ins Freiland muss der Baum ausreichend gewässert werden. Für Bäume der Größenklasse 40 bis 60 cm muss der Topf mindestens fünf Liter fassen. Für die Größenklasse 60/100 sind mindestens sieben und bei mehr als 100 cm Größe mindestens zehn Liter Fassungsvermögen erforderlich.

Tabelle 13 Preisentwicklung bei Weihnachtsbäumen in Euro je laufenden Meter. Quellen: Landesbetrieb NRW, Bundslandwirtschaftsministerium, Landwirtschaftskammer NRW, Landvolk Niedersachsen, Westfälisch-Lippischer Landwirtschaftsverband.

Jahr	Nordmannstanne	Blaufichte	Fichte	Edeltanne
2013	16,00–22,50	10,00–14,00	5,00–7,00	18,00–20,00
2012	16,00–22,00	9,00–12,00	5,00–8,50	18,00–20,00
2011	16,00–21,00	9,00–12,00	6,50–8,50	18,00–20,00
2010	16,00–21,00	9,00–12,00	6,50–8,50	18,00–20,00
2009	15,00–20,00	9,00–10,00	6,50–8,50	18,00–20,00
2008	18,00–22,00	10,00–11,00	6,00–7,50	18,00–20,00
2007	15,00–18,00	9,00–10,00	5,50–7,00	18,00–20,00
2006	15,00–22,00	9,00–12,00	5,50–7,50	18,00–20,00
2005	15,00–22,00	9,00–12,00	5,50–7,50	18,00–22,00
2004	13,00–20,00	10,00–14,00	6,00–8,00	–20,00
2003	15,00–18,00	9,00–13,00	5,50–7,50	–
2002	10,00–18,00	9,00–10,00	5,50–7,50	18,00–20,00
1999	15,00–17,50	10,00–12,50	5,00–6,00	–

13 Vermarktungsstrategien

Die Vermarktung von Weihnachtsbäumen ist ein Saisongeschäft mit besonderen Anforderungen. Alle über das Jahr für die Pflege der Kulturen angefallenen Kosten müssen aus dem Erlös einer rund drei Wochen langen Verkaufszeit bestritten werden. Nur diese kurze Zeit bleibt, um die Mühen eines ganzen Jahres zu krönen.

Kurzfristig aufgetretene Mängel können nicht mehr beseitigt werden. Für ein optimales Verkaufsgeschäft müssen sich die Produzenten rechtzeitig auf den Markt einstellen, das heißt schon viele Wochen vorher. Sie müssen Entwicklungen aus der vorjährigen Saison berücksichtigen, rechtzeitig die Preisentwicklung beobachten und mögliche neue Konkurrenten kennen und im Auge haben. Landwirten, die bei ihren übrigen Produkten an ein kontinuierliches Verkaufsgeschäft gewohnt sind und Getreide oder Milch abliefern statt zu verkaufen, fällt es schwer, sich in einem solchen Saisongeschäft ohne jede Marktabsicherung zurecht zu finden.

Wer mit Weihnachtsbäumen Erfolg haben will, muss ein guter Produzent, aber ein noch besserer Verkäufer sein. Wer neu einsteigt, sollte sich nicht scheuen, bei Kollegen Rat einzuholen. Die Arbeits-

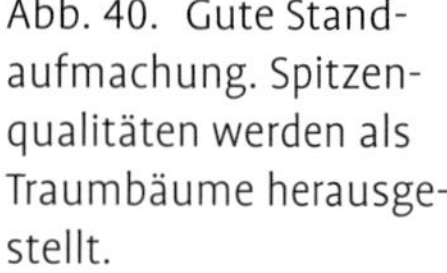

Abb. 40. Gute Standaufmachung. Spitzenqualitäten werden als Traumbäume herausgestellt.

kreise oder Arbeitsgemeinschaften auf Länderebene bieten dazu die beste Gelegenheit.

Bei der Vermarktung von Weihnachtsbäumen hat sich in den letzten 10 Jahren einiges geändert. Seitdem Bau- und Supermärkte, große Gartencenter und Möbelhäuser billige Weihnachtsbäume als Lockmittel benutzen, um die Verbraucher zum Kauf anderer Artikel zu animieren, stehen die traditionellen Händler und viele Erzeuger,

Abb. 41. Auszeichnung mit dem Gütezeichen der baden-württembergischen Arbeitsgemeinschaft.

Abb. 42. Hinweisschild der Arbeitsgemeinschaft für Verkaufsstände ihrer Mitglieder.

die ihre Weihnachtsbäume entweder auf Marktständen oder direkt auf den Betrieben verkaufen, unter Druck.

Diese Entwicklung sorgt unter Produzenten und Vermarktern seit einigen Jahren für lebhafte Diskussionen, die sich unter anderem in Leserbriefen an die Zeitschrift „Der Weihnachtsbaum" niedergeschlagen haben. Ein langjähriger Kenner der Branche sieht die neue Entwicklung als Folge der allgemeinen Schäppchenjagd und zieht daraus folgenden Schluss: „Die goldene Mitte wird es bald nicht mehr geben. Nur absolute Luxus-Marken können sich noch halten, weil sich die Menschen gerne mit dem guten Markenimage identifizieren. Es scheint, dass nur noch bei solchen Artikeln, bei denen Emotionen einen hohen Stellenwert haben, die Qualität das wichtigste Argument bei der Kaufentscheidung ist."

Der Rat dieses Experten: „Genau in diesem Punkt liegt die Chance für uns und unser Produkt. Wir müssen nur die Emotionen zurückholen, die von Alters her mit dem Holen des schönsten Baumes für das schönste Fest verbunden sind. Viele Käufer lieben von ihrer Kindheit her diese schöne vorweihnachtliche Stimmung. Dieses Gefühl müssen wir mit unseren Produkten wieder vermitteln und das Ruder herumreißen, damit der Weihnachtsbaum nicht zu einem notwendigen Übel, zu einem billigen Zubehör wird."

Tipps gegen das Nadeln

Der auffälligste Qualitätsmangel ist das zu frühe Nadeln der Bäume. Jeder Verkäufer von Weihnachtsbäumen sollte seinen Abnehmern einige Tipps geben, wie das Nadeln hinausgezögert werden kann. Die Lehr- und Versuchsanstalt für Gartenbau in Kassel hat verschiedene Möglichkeiten getestet:

- Versorgung mit normalem Leitungswasser, wobei innerhalb von drei Wochen fast ein halber Liter verbraucht wurde.
- Ähnlich erfolgreich war die Anreicherung von Leitungswasser mit Blumendünger, wobei noch etwas mehr als ein halber Liter verbraucht wurde.
- Geringe Nadelverluste und Erhaltung der dunkelgrünen Farbe brachte auch eine Glycerinlösung. Davon wurde weniger als ein halber Liter verbraucht.
- Völlig wirkungslos war dagegen eine Zuckerlösung.

Diesem Rat schließt sich ein Berater aus Schleswig-Holstein an. Er empfiehlt eine Intensivierung des Marketings in der Direktvermarktung und die Herausstellung der qualitativen Vorzüge des eigenen Produkts. Außerdem eine Intensivierung aller Maßnahmen zur Qualitätsverbesserung in den Kulturen. Ziel müsse es sein, die Ausbeute an Bäumen der ersten und zweiten Wahl zu erhöhen. Erst wenn dieses Ziel in großem Umfang erreicht wird, werde der Marktdruck der Billiganbieter mit Bäumen der dritten Wahl abnehmen. Ein ungenannter Autor schließt sich dem mit folgender Meinung an: „Der Preisverfall ist nicht nur durch Baumarktangebote eingetreten. Er ist auch die Folge nicht vermarktungsfähiger Kulturen, die keine fachbezogene Pflege erhalten haben. Um dem Dilemma zu entgehen, müssen sich die Produzenten besser auf die Wünsche der Verbraucher einstellen. Das beginnt mit der Wahl der Arten und mit der Qualität des Pflanzgutes. Wenn die Nachfrage nach Blaufichten und Gemeinen Fichten weiter zurückgeht und die nach Nordmannstannen ständig steigt, sollte man die entsprechende Entwicklung nicht den Dänen überlassen."

Grundsätzlich haben die Produzenten zwei Möglichkeiten: Entweder müssen sie sich der Tiefpreis-Strategie der neuen Konkurrenz anpassen oder sich durch höhere Qualität, mit besonderen Dienstleistungen und über das Angebot von Zusatzartikeln eine besondere Plattform erobern. Manche Produzenten treten den neuen Konkurrenten sogar mutig Auge in Auge gegenüber. Sie richten ihre Stände in unmittelbarer Nachbarschaft zu den Billiganbietern, den Supermarkt-Ketten oder Baumärkten ein und schnappen den Discountern mit heimischen Bäumen, einer guten Qualität und einer kompetenten Fachberatung ein nicht unerhebliches Stück vom Umsatzkuchen weg.

Als Schwachpunkt der Supermärkte nennt ein Experte das auf engstem Raum präsentierte Angebot, weil möglichst wenig wertvoller Parkplatz als Verkaufsfläche weggenommen werden soll. Außerdem

Abb. 43. Die Bäume müssen am Verkaufsstand so aufgestellt werden, dass sie leicht von allen Seiten betrachtet werden können.

führt das wenig kompetente Marktpersonal den Verkauf der Bäume oft sehr lieblos durch. Das Konzept der heimischen Züchter muss darauf abzielen, genau das Gegenteil zu präsentieren. Der Experte empfiehlt, an den Zufahrten zu den Märkten große Flächen zu mieten und die Bäume ordentlich und gut zugänglich aufzustellen. Außer dem sei es empfehlenswert, neben Spitzenqualität auch eine kleine Anzahl an Billigbäumen bereitzuhalten, um die Preisjäger unter den Verbrauchern zufrieden zu stellen.

Einige Produzenten nutzen umgekehrt die neue Verkaufsschiene und gehen als Lieferanten eine Partnerschaft mit solchen Großmärkten ein, die sich vorher ausschließlich mit Importware eingedeckt haben. Die großen Mengen, die solche Märkte fordern, liefern sie über Verkaufsgemeinschaften. Auch hier werden der kurze Transportweg und die gegenüber der Importware bessere Frische der Bäume zum Vorteil.

Den Vorteil der heimischen Ware und die gegenüber dem Massenangebot herausgehobene Qualität machen viele Erzeuger durch besondere Herkunfts- und Gütezeichen deutlich. Derlei Gütezeichen gibt es für einzelne Regionen, aber auch von einzelnen Produzenten. Entscheidend dabei ist, dass hinter den damit verbundenen Behauptungen tatsächlich beste Qualität und hervorragende Frische stehen. Es darf nicht sein, dass unter dem Deckmantel von Herkunfts- und Qualitätszeichen auch minderwertige Ware untergeschoben wird. Um damit zurechtzukommen, zeichnen viele Erzeuger nur ihre erste Qualität mit dem Gütezeichen aus und verkaufen den Rest auf den eigenen Verkaufsplätzen deutlich abgesondert oder über den Handel.

Dänische Exporteure haben für ihre Nordmannstannen ein einheitliches Zertifizierungssystem mit der Marke „Original Nordmann" entwickelt. Unabhängige Kontrolleure klassifizieren die Weihnachtsbäume nach exakt festgelegten Regeln.

Diese Absatzförderung sowie Forschung und Produktentwicklung finanziert der dänische Produzentenverband über einen Fonds, in den die Mitglieder eine flächenbezogene Abgabe einzahlen. Einschließlich der staatlichen Förderung stehen für diesen Fonds jährlich rund 1,2 Millionen Euro zur Verfügung.

Das aktuelle Schlagwort für den Absatz von Konsumwaren, egal ob es sich um Kleider, Schuhe, Möbel, Lebensmittel oder auch Weihnachtsbäume handelt, heißt „Erlebniseinkauf". Durch ein umfangreiches Zusatzangebot soll der Einkauf für den Verbraucher und seine Familie zum Fest werden. Diesen Grundsatz haben sich viele Weihnachtsbaumproduzenten und die mit ihnen verbundenen Händler zu Herzen genommen. Sie machen aus ihren Verkaufsständen einen Weihnachtsmarkt, auf dem die Besucher außer den Weihnachtsbäumen auch Schmuckreisig und das ganze Zubehör vom Baumständer

Tipps für Verkäufer

Kundenparkplätze bereitstellen: Nur genügend Parkplätze ermöglichen an den verkaufsstärksten Wochenenden gute Umsätze.

Standgröße: Als Faustformel gilt Platzgröße in Quadratmetern mal vier ergibt die Anzahl der zu verkaufenden Bäume.

Standorttreue: Eine Stammkundschaft entsteht nur über Jahre. Der Verkaufsstandort muss langfristig genutzt werden können.

Fachbetreuung: Gut geschultes Personal, das schon vorher mit der Produktion befasst war, vermittelt Kompetenz und Wahrhaftigkeit.

Präsentation: Die Bäume sollten wie im Wald einzeln aufrecht angeboten werden. Nur dann kann der Kunde den Baum ohne ihn anzufassen rundum in seiner ganzen Schönheit sehen. An trüben Tagen ist eine Beleuchtung mit leistungsfähigen Scheinwerfern vorteilhaft.

Serviceleistungen: Dazu gehört das Anspitzen, Einnetzen, der Transport zum Auto, das Anpassen an den mitgebrachten Ständer und schließlich auch der Lieferservice nach Hause und das Aufstellen dort.

Vielfalt: Neben dem üblichen Größensortiment auch sehr kleine und sehr große Bäume anbieten.

Aufmachung: Einheitliche Werbung mit entsprechenden Plakaten und Transparenten, Vorwegweisern, Kundeninformationen, Güte- und Herkunftszeichen, Einzelauszeichnung mit vernünftigen Preisschildern.

Werbung: Presseartikel sind wirkungsvoller und billiger als Anzeigen. Die Presse berichtet gerne über Neuheiten an Baumarten und Zusatzartikeln.

bis zum Christbaumschmuck kaufen können. Sie spitzen die Bäume an, damit sie ohne weitere Vorbereitung direkt in den Ständer passen, sie bieten einen Lieferservice mit Transport zum Auto oder direkt zum Haus und sind sogar bereit, den Baum zu Hause aufzustellen. Sie lassen für die Kinder den Weihnachtsmann aufmarschieren und versorgen die Familie mit Würstchen, Glühwein und alkoholfreiem Punsch.

Teilweise gelingt es sogar, mit Radio- und Fernsehstationen besondere Aktionen mit Ratschlägen über das richtige Aufstellen, das Frischhalten der Bäume, die neuesten Trends für den Baumschmuck und die Möglichkeiten für die Entsorgung durchzuführen. Gewitzte Verkaufsstrategen gehen den Weg zum Verkaufserfolg über die Kinder. Sie laden vor dem eigentlichen Verkaufstermin Kindergärten auf den Hof oder in die Kulturen ein, zeigen ihnen ihre verschiedenen Bäume und erzählen ihre Entstehungsgeschichte. Ein holsteinischer Großproduzent verschenkt jedes Jahr Weihnachtsbäume an verschiedene Kindergärten, die dann mit diesem von den Kindern geschmückten Baum an einem Schönheitswettbewerb auf dem Verkaufsstand teilnehmen. Dahinter steckt der Gedanke: „Jedes Kind hat Eltern und

Abb. 44. Verkaufsstand für Schmuckreisig mit Auszeichnung. Im Vordergrund Zweige der Edeltanne (*Abies nobilis*).

Großeltern, die den geschmückten Kindergarten-Christbaum bewundern wollen und dann ganz selbstverständlich auch den eigenen Baum dort einkaufen." Nach dem Wettbewerb darf jeder Kindergarten seinen eigenen Baum mitnehmen. Am Ende der Dienstleistungskette bieten manche Erzeuger den Käufern sogar an, den Baum nach Weihnachten zurückzunehmen und zu entsorgen. Manche aus der Branche befürchten allerdings, dass daraus eine allgemeine Rücknahmepflicht mit kostenloser Entsorgung werden könnte.

14 Weihnachtsbaumkulturen – ein Problem für die Natur?

Weihnachtsbaumproduzenten müssen sich häufig mit dem Vorwurf auseinander setzen, ihre Anlagen zerstörten das Landschaftsbild und seien durch den großflächigen Anbau einer Baumart sowie die Verwendung chemischer Hilfsmittel eine Belastung für den Naturhaushalt. Diese Anschuldigungen gehen in der Regel von selbsternannten Naturschützern aus, die mit einem fast religiösen Eifer neuzeitliche Nutzungsformen der Kulturlandschaft bekämpfen. Dort, wo Felder und Wälder in nutzungsgerechten Schlaggrößen das Landschaftsbild bestimmen und damit ihren Bewirtschaftern erst eine erfolgreiche Absicherung ihrer Existenz ermöglichen, reden sie von einer Agrarsteppe. Sie bekämpfen jeden Maisacker und jedes Weizenfeld, das mehr als fünf Hektar umfasst. Sie loben süddeutsche Kleinstrukturen mit handtuchbreiten Kleinparzellen, auf denen keine leistungsfähige Landmaschine eingesetzt werden kann. Sie schwärmen von Streuobstwiesen, deren Gras sich nur in mühseliger Handarbeit ernten lässt und sie verteufeln den Bauer, der mit seiner Feldspritze das Unkraut bekämpft, weil kein Mensch mehr zur alten Handhacke bereit ist und weil er noch mehr als andere Wirtschaftsbereiche zur äußersten Rationalisierung gezwungen ist.

Mit einer Fülle von Gesetzen und Verordnungen tragen der Bund und die Länder den Bestrebungen für einen verstärkten Naturschutz Rechnung. Diese Bestimmungen lassen aber den damit befassten Behörden einen weiten Spielraum, der bei einer Genehmigung von Weihnachtsbaumkulturen leider sehr oft gegen die Antragsteller genutzt wird. Bei diesen Genehmigungen haben die Gemeinden ein sehr großes Mitspracherecht. In vielen Gemeinderäten, vor allem im dichter besiedelten Süddeutschland, haben sich in den letzten Jahrzehnten die vorher geschilderten Naturschützer etabliert. Ihnen gelingt es sehr oft, eine Ablehnung neuer oder erweiterter Kulturen durchzudrücken. Ist aber bereits die Gemeinde dagegen, dann wird der Antrag nach den Erfahrungen eines baden-württembergischen Experten auch von den nachgeordneten Stellen abgelehnt.

Die Tragik von Weihnachtsbaumproduzenten ist es, dass sie im Gegensatz zu den reinen Landwirten keine so starke Lobby haben und bei der Durchsetzung ihrer Interessen oft auf sich alleine gestellt sind. Ohne die entsprechende Unterstützung sehen sie sich von den Genehmigungsbehörden an die Wand gedrückt, geben dann voreilig nach oder lassen sich auf einen riskanten und kostenträchtigen Gerichtsweg ein. Besonders teuer wird es, wenn der Fall bis zum Verwaltungsgerichtshof geht. Spätestens hier kommt der Antragsteller nicht ohne Anwalt aus. Ein Kenner der Gerichtsszene beschreibt das so: „Das Honorar für die Anwälte und die Gerichtskosten werden nach dem Streitwert berechnet, den das Gericht festsetzt. Bei Weihnachtsbaumkulturen liegt häufig ein Aufwandswert von 5000 Euro zu Grunde. Der Anwalt hat in erster Instanz einen Anspruch auf eine Verfahrens- und Termingebühr plus Auslagen plus Umsatzsteuer. Da kommen bis zu 1000 Euro zusammen. Wer seine Weihnachtsbaumkultur aber ohne Genehmigung anlegt, muss damit rechnen, dass er die Kosten für deren Beseitigung tragen muss. Dazu kann er möglicherweise wegen einer Ordnungswidrigkeit belangt werden, für die er bis zu 5000 Euro zahlen muss."

Wie bei vielen Produkten der Land- und Forstwirtschaft gehört es zur Tragik der einheimischen Produzenten, dass von ihnen eine teilweise überzogene Rücksicht auf den Natur- und Verbraucherschutz gefordert wird, den Konkurrenten aus anderen Regionen und Ländern nicht kennen. Gleichzeitig verlangt der globale Wettbewerb aber, dass sie ihre Produkte zum gleichen Preis abgeben. Kritiker der einheimischen Landwirtschaft, die den Bauern einen hemmungslosen Einsatz chemischer Hilfsmittel vorwerfen, finden nichts dabei, im Supermarkt ein Sonderangebot aus einem Land zu nutzen, in dem der bei uns geforderte Umweltschutz nicht gilt. Jene, für die eine neue Weihnachtsbaumkultur ein Verstoß gegen den Naturschutz und eine Zumutung für das Landschaftsbild ist, kaufen dann eine dänische und künftig vielleicht sogar eine polnische oder slowakische Nordmannstanne, ohne danach zu fragen, wie die dortigen Plantagen ins Landschaftsbild passen.

Die Vorwürfe gegen Weihnachtsbaumkulturen lassen sich widerlegen oder zumindest stark entkräften. Bereits die Tatsache, dass als Weihnachtsschmuck fast ausschließlich der Natur- und nicht der Plastikbaum Verwendung findet, ist ein Vorteil und ein Nutzen für die Ökologie. In einigen Gebieten ist der Anbau von Weihnachtsbäumen eine gute Möglichkeit, nicht mehr landwirtschaftlich genutzte Flächen in Kultur zu halten und vor der Verödung sowie der Bodenerosion zu bewahren. Im Kreislauf der Natur liefern die Anlagen einen erheblichen Beitrag zur Erhaltung der Ressourcen. Ein Hektar Weihnachtsbäume liefert innerhalb von zehn Jahren 40 bis 60 Tonnen oberirdische und 12 bis 18 Tonnen unterirdische Trockenmasse. Über das Wachstum werden 95 bis 149 Tonnen Kohlendioxid gebunden und 70 bis 105 Tonnen Sauerstoff erzeugt. Der Beitrag zur Luftfilterung, Wasserrückhaltung und zum Windschutz ist ebenfalls erheblich. In Weihnachtsbaumkulturen halten sich mehr Vögel und Insekten auf als in Getreidefeldern. Der chemische Pflanzenschutz ist minimal oder wird beim Bio-Anbau sogar ganz weggelassen.

Im Zeichen dringend benötigter Arbeitsplätze und einer immer wieder geforderten Stärkung ländlicher Regionen, ist auch die wirtschaftliche Bedeutung der Weihnachtsbaumproduktion hervorzuheben. Nach den Erhebungen der Diplomarbeit von E. Seipp sind in Deutschland etwa 12 000 Produzenten im Haupt- oder Nebenerwerb mit dem Anbau und der Kulturpflege von Weihnachtsbäumen beschäftigt. Rund 100 000 Arbeitsplätze hängen von der Weihnachtsbaumproduktion ab. Dabei handelt es sich sowohl um Dauer- als auch um Saisonarbeitsplätze. In der Verkaufssaison kommen noch mal rund 50 000 Arbeitsplätze hinzu. Insgesamt stellen die Weihnachtsbäume damit einen wesentlichen volkswirtschaftlichen Faktor dar.

Service

Quellen

Gartenbauzentrum Westfalen-Lippe, Münster-Wolbeck
Fachzeitschrift Der Weihnachtsbaum, Weber GmbH, Gudensburg
Pflanzenschutzempfehlung Amt für Ländliche Räume Lübeck,
Abteilung Pflanzenschutz
Broschüre Weihnachtsbaumkulturen, Nadelgehölze und Schnittgrün,
COMPO GmbH & Co. KG, Münster
Institut für Biologie, Humboldt-Universität zu Berlin Diplomarbeit Ralf Seipp, Göttingen.

Unterstützung gewährten:

Kurt Lange, Ellerhoop,
Gerhard Schmidt, LTZ Augustenberg,
Engelbert Beckmann, Bad Sassendorf;
Roland Bopp, Mudau;
Harald Müller, Adelberg;
Karl-Heinz Moser, PlusBaum Samen GmbH, Nagold;
Wolfgang Herzog, Firma E. Herzog, Gemunden, Österreich;
Thomas Emslander, Ergolding.

Bezugsquellen für Betriebsmittel

Hersteller von Pflanzenschutzmitteln

Herbizide

Flexidor: Spiess Urania Chemicals GmbH, Heidenkampsweg 77, D-20097 Hamburg
Kerb FLO: Dow AgroSciences GmbH, Truderinger Str. 15, 81677 München
Vorox F: Spiess-Urania Chemicals GmbH,
Boxer: Syngenta Agro, Am Technologie park 1–5, 63477 Maintal
Butisan: BASF Agrarzentrum, 67117 Limburgerhof
Fenikan: Bayer CropSciences AG, Alfred-Nobel-Str. 50, 40789 Monheim
Katana: Ishihara Sangyo Kaisha, Ltd, Japan
MaisTer flüssig: Bayer CropSciences
Stomp Aqua: BASF Agrarzentrum
Terano: Bayer CropScience
Sencor WG: Bayer CropSciences
Tacco: Bayer CropScoiences
Basta: Bayer CropSciences
Finalsan: W. Neudorff, Unterstr. 10, 56370 Eisighofen
Fusilade MAX: Syngenta Agro GmbH, Am Technologiepark 1-5, 63426 Maintal
Glyfos: Stähler International GmbH, Stader Elbstr., 21683 Stade
Lontrel 100: Dow AgroSciences
Roundup UltraMAX : Spiess-Urania
Touchdown Quattro : Syngenta Agro
Aramo: BASF Agrarzentrum
Focus Ultra: BASF Agrarzenrum
Select 240 EC: Stähler International
Garlon 4: Dow AgroSciences
Harmony SX: Du Pont de Nemours GmbH, Hugenottenallee 173-175, 63263 Neu-Isenburg
Hoestar Super: Bayer CropSciences
Lentagran: Syngenta Agro
Motivell : BASF Agrarzentrum
Pointer SX: Du Pont Nemours
Starane 180: Dow AgroSciences
Starane Ranger: Dow AgroSciences
U 46 D-Fluid: Dow AgroSciences
U 46 M-Fluid: Dow AgroSciences

Insektizide/Akarizide, Mäusebekämpfung

Apollo: Syngenta Agro
Bulldock: Spiess Urania
Calypso: Bayer CropSciences
Confidor WG 70: Bayer Cropciences
Dimlin 80 WG: Spiess-Urania
Dipel ES: Stähler International
Envidor: Bayer CropSciences
Fastac Forst: BASF Agrarzentrum
Karate Forst flüssig: Syngenta Agro
Kiron: Stähler
MASAI: BASF Agrarzentrum
Micula: Temmen GmbH Ankerstr. 74, 65795 Hattersheim
Mospilan SG: Stähler International

Neem Azal-TS: Sautter&Stepper GmbH, Rosenstr. 19, 72119 Ammerbuch
Ordoval: BASF Agrarzentrum
Pirimor Granulat: BASF Agrarzentrum
Plenum 50 WG: Syngenta Agro
Rogor 40 L: Spiess-Urania
Trafo WG: Syngenta Agro
Vertimec: Syngenta Agro
Ratron: Frunol delicia GmbH Dübener Str. 137, 4509 Delitzsch

Fungizide
Discus: Stähler International
Dithane Neo Tec: Dow AgroSciences
Folicur: Bayer CropSciences
Kumulus WG: BASF Agrarzentrum
Miragae 45 EC: Feinchemie Schwebda GmbH, Edmund-Rumpler-Str. 6, 51149 Köln
Ortiva: Compo GmbH, Gildenstr. 38, 48157 Münster
Polyram WG: Compo GmbH
Rovral WG: BASF Agrarzentrum
Signum: BASF Agrarzentrum
Stratego: Bayer CropSciences
Switch: Spiess-Urania
Systhane: Spiess-Urania

Bezugsquellen für Pflanzenschutzmittel
Alle im Buch genannten Pflanzenschutzmittel können in der Regel bei Raiffeisen-Lagehäusern, Raiffeisenmärkten, dem privaten Landhandel, und zum Teil auch bei Pflanzschulen und im Internethandel bezogen werden.
Informationen über die Zulassung, das Anwendungsgebiet, Anwendungsvorschriften und Aufwandmengen sind bei den Pflanzenschutzdiensten der Kreise, den Herstellern und Lieferanten und im Internet erhältlich, beispielsweise über den „Pflanzenschutz Manager" der Raiffeisenorganisation unter www.raiffeisen.com/pflanzen/psm-manager.

Bezugsquellen für Spezial-Dünger
Alle herkömmlichen Düngemittel sind bei Raiffeisen-Lagerhäusern, Raiffeisenmärkten, und dem Landhandel erhältlich. Spezialdünger für Weihnachtsbäume sind ebenfalls dort oder bei Pflanzschulen zu bekommen.
Ein umfangreiches Lieferprogramm mit entsprechenden Informationen bietet die Firma Compo mit ihren Fachberatungsstellen in ganz Deutschland. Zentrale Adresse: Compo GmbH & Co. KG, Postfach 2107, 48008 Münster.

Bezugsquellen für Geräte und Maschinen
Geräte für Pflanzen, Mähen, Bodenbearbeitung und Pflanzenschutz:
Heidegesellschaft Forstprodukte und -geräte GmbH, 22946 Trittau
Bernhard Tholen, Eschloher Str. 206, 57413 Finnentrop
Jutek, Nymarksvej 19, Skovsgarde, DK-5471 Sonderso
Niko Maschinen- & Fahrzeugbau, Im Mühlgut 1a, 77815 Bühl
Hari Maschinenbau, Im Sohlen 12, 57399 Kirchhundem

Wildvergrämungsmittel:
BHZ Sippel GmbH, Auf Der Muckenkaut, 35789 Weilmünster

Verpackungen, Netze, Werbemittel:
Novanet Netzfabrik, Wabrener Str. 20, 34560 Fritzlar
Weber Netze GmbH, Freiheit 7, 34281 Gudensberg
Müna-Agrar, 59889 Eslohe/Niederlandenbeck

Christbaumständer, Anspitzmaschinen:
Novanet
Krinner, Passauer Str. 55, 94342 Straßkirchen
Weber-Netze

Sachregister

Heinrich Maurer, Bauernsohn aus der baden-württembergischen Region Hohenlohe, war 13 Jahre lang praktischer Landwirt, bevor er an der Fachhochschule Nürtingen Landbau studierte und 1968 seine journalistische Laufbahn bei landwirtschaftlichen Fachzeitschriften in Würzburg, Freiburg und Stuttgart begann. Von 1983 bis 2004 war er Chefredakteur von BW agrar, Landwirtschaftliches Wochenblatt, im Verlag Eugen Ulmer in Stuttgart. Sein Hauptinteresse galt immer der fachlichen Landwirtschaft, zu der auch waldbauliche Themen gehören. Seit seinem Ruhestand betätigt sich Heinrich Maurer als Buchautor. Er hat außer dem vorliegenden Werk, das nun in der dritten Auflage erscheint, einen Roman über die Geschichte einer Bauernfamilie verfasst, in der die Entwicklung der deutschen Landwirtschaft seit dem Ende des 19. Jahrhunderts schicksalhaft wiedergegeben wird.

Bibliografische Information der Deutschen Nationalbibliothek
Die Deutsche Nationalbibliothek verzeichnet diese Publikation in der Deutschen Nationalbibliografie; detaillierte bibliografische Daten sind im Internet über http://dnb.d-nb.de abrufbar.

Wollgrasweg 41, 70599 Stuttgart (Hohenheim)
E-Mail: info@ulmer.de
Internet: www.ulmer.de
Umschlaggestaltung: Atelier Reichert, Stuttgart
Lektorat: Werner Baumeister
Herstellung: Ulla Stammel
Satz: pagina GmbH, Tübingen
Druck und Bindung: Graphischer Großbetrieb Friedr. Pustet, Regensburg
Printed in Germany

ISBN 978-3-8348-7